KOSMOS Basics

Welcher Baum ist das?

Joachim Mayer
unter Mitarbeit von
Dr. Christa Söhl

KOSMOS

Einführung

Bäume haben den Menschen seit jeher besonders fasziniert. Um manche Arten oder auch einzelne Exemplare ranken sich gar altehrwürdige Mythen, wie etwa um die germanische Welten-Esche oder die Donar-Eiche. In vielen Kulturen sind Bäume unabdingbare Begleiter religiöser Stätten und Feste, ob als Tempelbäume in Ostasien, bei indianischen Baumzeremonien oder als Weihnachtsbaum in unseren Wohnzimmern. Neben der eindrucksvollen Gestalt und dem beschirmenden Wuchs vieler Bäume spielt dabei sicher eine Rolle, dass ihr Alter die menschliche Lebensspanne um ein Vielfaches überschreiten kann. Als ältester Baum der Welt gilt »Metusaleh«, eine in Kalifornien stehende Grannen-Kiefer (*Pinus aristata*) – sie soll 4700 Jahre alt sein!

Nutzholz, Sauerstoffanreicherung der Atmosphäre, Lebensraum für Wildtiere, Erholungsraum für Menschen – ohne Wälder wäre unser Planet arm dran, und die zunehmenden Umweltschäden an den Waldbäumen sind tatsächlich Besorgnis erregend. Auch Bäume in der unbewaldeten Landschaft erfüllen wichtige ökologische Funktionen, ob als Feldgehölze, als Wind- oder Bodenschutzpflanzungen, in Alleen oder im »Autobahnbegleitgrün«, wie es so schön heißt. Im Siedlungs- und städtischen Bereich schätzt man sie als »grüne Lunge«, sie verbessern das Stadtklima. Im direkten Umfeld des Menschen gewinnt natürlich auch die ästhetische Erscheinung der Bäume an Bedeutung, sei es in Gärten, Parks oder im öffentlichen Grün. Gerade die geschätzte Zierwirkung der Bäume hat dazu geführt, dass seit Jahrhunderten attraktive Gehölze aus fernen Ländern eingeführt werden. Tatsächlich stammt unterm Strich die Mehrzahl der bei uns zu sehenden Baumarten aus Nordamerika, Ostasien, Süd- oder Osteuropa.

In diesem Buch finden Sie die bei uns häufigsten Baumarten. Unter dem Stichwort **Merkmale** sind die wichtigsten Kennzeichen aufgelisten, die Ihnen beim Bestimmen helfen sollen. Unter **Vorkommen** finden Sie die Standorte, an denen Sie den jeweiligen Baum überwiegend finden können. Unter dem Stichwort **Wissenswertes** schließlich sind interessante Eigenschaften sowie Hinweise auf nah verwandte Arten zu finden.

Baum oder Strauch?

Ein »richtiger« Baum hat einen festen Hauptstamm, dessen Seitenäste und beblätterte Verzweigungen eine Krone bilden, und wird wenigstens 5 m hoch. Ein Strauch dagegen baut sich aus mehreren gleichrangigen Stämmen bzw. Haupttrieben auf, die von unten her verzweigt sind und teils durch immer wieder

Die wichtigsten Bestimmungsmerkmale

Blattstellung

gegenständig

wechselständig

Grundgestalt eines Blattes

einfach

zusammengesetzt

Nadeln

Schuppen

Teilung der Blattfläche

paarig gefiedert

unpaarig gefiedert

dreizählig

gefingert

neue Schösslinge aus dem Boden ergänzt werden. Dabei gibt es jedoch allerhand fließende Übergänge, vom mehrstämmigen Baum bis zum Großstrauch mit kronenähnlicher Hauptverzweigungszone. Viele Arten können auch je nach Standortbedingungen ganz unterschiedlich als Baum oder strauchig wachsen. Zudem prägen manchmal menschliche Eingriffe das Bild, etwa wenn Sträucher durch Veredlung auf hohe Stämme die Wuchsform eines Baums annehmen.

Bestimmen anhand der Blätter

Die Blätter bieten schon deshalb einen guten Anhaltspunkt beim Bestimmen, weil sie die meiste Zeit des Jahres den Baum »bekleiden«. Dabei gibt es schon den ersten entscheidenden Unterschied:

- **Sommergrün**, d.h. laubabwerfend, sind die meisten Bäume mit flächigen Laubblättern. Diese Eigenschaft wird deshalb in den Beschreibungen der Laubgehölze nicht eigens erwähnt, hier finden sich nur Hinweise auf immergrüne Ausnahmen.
- **Immergrün**, d.h. auch über Winter belaubt, sind die meisten Nadelgehölze; dort wird bei den Beschreibungen umgekehrt nur auf sommergrüne Ausnahmen hingewiesen.

Die Blattspreite, also die Blattfläche, ist entweder einfach, d.h. ungeteilt (wenn auch manchmal sehr stark eingeschnitten), oder zusammengesetzt, d.h. sie besteht aus mehreren Teilblättchen an einem gemeinsamen Blattstiel. Bei zusammengesetzten Blättern unterscheidet man:

- **gefiedert**: mit mehreren seitlichen Blättchen-(Fieder-)Paaren; unpaarig gefiederte Blätter haben an der Spitze eine zusätzliche Endfieder; bei doppelt gefiederten Blättern sind

Wälder – hier ein Bergwald mit Fichten und Lärchen – sind für das ökologische Gleichgewicht auf unserem Planeten unabdingbar.

auch die Teilblättchen nochmals gefiedert

› **gefingert**: mit meist 5 Teilblättchen (handförmig gefingert), die am selben Punkt des Blattstiels ansetzen
› **dreizählig**: mit 3 Teilblättchen, die meist am selben Punkt des Blattstiels sitzen.

Die üblichen Bezeichnungen für Blattformen bzw. -umrisse wie ei- oder herzförmig sind meist anschaulich und selbsterklärend. Deshalb hier nur kurze Hinweise zu etwas ungewöhnlicheren Begriffen: »Verkehrt eiförmig« bedeutet, dass die Eiform quasi auf dem Kopf steht, das Blatt ist zur Spitze hin am breitesten. Linealische Blätter sind sehr schmal mit fast parallelen Rändern, lanzettliche Blätter ähneln einer schmalen Speerspitze.

Besondere Blattgestalten zeigen die Nadelgehölze mit nadel- oder schuppenförmig ausgebildeten Blättern.

Die Blattränder sind durch unterschiedlich starke Einschnitte charakterisiert, die teils die Blätter fast schon mehrteilig erscheinen lassen. Man unterscheidet:

› **ganzrandig**: ohne Einschnitte
› **gesägt**: spitze Einschnitte bei vorstehenden spitzen Zähnen (sägeblattartig)
› **gezähnt**: abgerundete Einbuchtungen und spitze Zähne
› **gekerbt**: spitze Einschnitte und abgerundete Zähne bzw. Ausbuchtungen
› **gebuchtet**: Einschnitte und Zähne abgerundet
› **gelappt**: Einschnitte in größeren Abständen, die nicht bis zur Mitte der Blatthälfte reichen und die Blattränder in deutliche »Lappen« unterteilen
› **fiederspaltig**: Einschnitte, die bis zur Mitte der Blatthälfte reichen
› **fiederteilig**: Einschnitte bis über die Mitte der Blatthälfte, fast bis zur Mittelrippe.

Nachdem Sie über Blattform und -rand die erste Zuordnung gemäß dem Bestimmungsschlüssel erhalten, gilt es festzustellen, ob die Blätter gegenständig oder wechselständig am Spross stehen.

Hinweise zu den Blüten

Blütendetails sind für den geübten Botaniker zwar wichtige Unterscheidungsmerkmale, doch gerade bei Bäumen gestaltet sich das Bestimmen ohne genauere Kenntnis der jeweiligen Blütenbiologie (und ohne gute Lupe) oft schwierig. Doch es ist gut zu wissen, ob Pflanzen zweihäusig sind. Dies bedeutet, dass sich weibliche und männliche Blüten auf verschiedenen

Bäumen befinden; Früchte erscheinen dann nur an den weiblichen Bäumen. Soweit in den Beschreibungen keine Zweihäusigkeit erwähnt ist, sind die Bäume einhäusig; dann tragen sie entweder weibliche und männliche Blüten am selben Baum oder haben zwittrige Blüten, die weibliche (Fruchtknoten, Griffel) und männliche Blütenorgane (Staubgefäße) in sich vereinen.
Die wichtigsten Blütenstände bei Gehölzen:

- **Traube**: gestielte Einzelblüten, die längs einer unverzweigten Hauptachse stehen
- **Dolde**: gestielte Einzelblüten, bei denen die gleich langen Blütenstiele demselben Punkt einer verkürzten Hauptachse entspringen; die Blüten stehen etwa auf gleicher Höhe
- **Doldentraube** (Schirmtraube): Traube, bei der die Blütenstiele so verlängert sind, dass alle Blüten doldenartig auf einer Höhe stehen
- **Trug- oder Scheindolde:** wirkt wie eine Dolde, baut sich aber mit verschiedenen langen Stielen und Nebenachsen auf, die in unterschiedlicher Höhe ansetzen
- **Rispe**: mit verzweigten, mehrblütigen Seitenachsen, die in unterschiedlicher Höhe längs einer unverzweigten Hauptachse stehen
- **Schirmrispe**, **Doldenrispe**: Rispe, bei der alle Seiten- und Nebenachsen so verlängert sind, dass die Blüten schirm- oder doldenartig auf einer Höhe stehen
- **Ähre**: ungestielte Blüten, die längs einer Hauptachse ansitzen
- **Kätzchen**: hängende Ähren oder Trauben aus unscheinbaren Blüten
- **Zapfen**: Ähre oder Kolben mit verholzender Spindel und verholzenden Deckblättern.

Über die Jahrhunderte hinweg wurden zahlreiche fremdländische Bäume bei uns eingeführt, so etwa der Weiße Maulbeerbaum aus Asien.

Bestimmungsteil

Kornelkirsche, Herlitze
Cornus mas

> 4–5 Blattnervenpaare
> Blüten vor dem Blattaustrieb
> glänzend rote Steinfrüchte

Merkmale 3–8 m hoher, rundkroniger Baum oder sparrig verzweigter Strauch; graubraune Borke; im März/April kleine gelbe Blütendolden; Blätter eiförmig bis elliptisch, 4–10 cm lang, unterseits glänzend; ab September eiförmige rote Früchte. **Vorkommen** In lichten Wäldern und Gebüschen, an Waldsäumen. Wird häufig auch im Siedlungsbereich gepflanzt. **Wissenswertes** Die kirschenähnlichen, im Herbst reifenden Früchte lassen sich zu Marmelade, Kompott oder Saft verarbeiten. Roh schmecken sie recht sauer.

Blumen-Hartriegel
Cornus florida

> 5–7 Blattnervenpaare
> kräftig rote Herbstfärbung
> auffällige Hochblätter

Merkmale 3–6 m hoher, breit buschiger Strauch oder kurzstämmiger Baum; Blätter breit eiförmig, 7–15 cm lang, unterseits weißlich; im Mai/Juni kleine gelblich grüne Blüten, die von 4 großen weißen, manchmal auch rosafarbenen Hochblättern umgeben sind; ab August kleine eiförmige, rote Steinfrüchte. **Vorkommen** Ziergehölz in Parks und Gärten; stammt aus Nordamerika. **Wissenswertes** Die gefärbten Hochblätter sind keine echten Blütenblätter. Da sie aber die unscheinbaren Blütenstände wie »Blumen« wirken lassen, locken sie Insekten zur Bestäubung an.

Japanischer Blumen-Hartriegel
Cornus kousa

> 4–5 Blattnervenpaare
> rote Herbstfärbung
> auffällige Hochblätter

Merkmale 4–6 m hoher Strauch oder Baum mit etagenartig angeordneten Seitenästen; Blätter eiförmig, 5–10 cm lang; im Mai/Juni Blüten mit 4 großen, weißen Hochblättern; ab August kugelige, hellrote Früchte. **Vorkommen** Ziergehölz in Parks und Gärten; stammt aus Japan und Korea. **Wissenswertes** Etwa Anfang des 20. Jh. wurden mehrere ostasiatische Hartriegel-Arten nach Europa eingeführt. Dazu zählt auch der bis 10 m hohe und breite Pagoden-Hartriegel (*C. controversa*) mit ausgeprägt waagrecht stehenden Ästen. Er hat, anders als die meisten Hartriegel, wechselständige Blätter und blüht im Juni mit weißen Schirmrispen.

Gewöhnlicher Buchsbaum

Buxus sempervirens

> immergrün, dicht beblättert
> ledrige, glänzende, eiförmige Blätter
> Zweige vierkantig

Merkmale 0,3–4 m hoher Strauch oder mehrstämmiger Baum, wächst auch als niedrige Hecke; immergrün; Blätter eiförmig, bis 2 cm lang, ledrig, oberseits glänzend dunkelgrün; Blüten im April/Mai, unscheinbar, grünlich weiß; Kapselfrüchte. **Vorkommen** Wild wachsend in Laubwäldern, v. a. im westlichen Teil Europas, auch in Südbaden und an der Mosel; oft angepflanzt. **Wissenswertes** Buchsbaum wird oft als Hecke gepflanzt und ist durch Schnittmaßnahmen fast beliebig formbar. Aus dem feinfaserigen Holz werden Blasinstrumente hergestellt. Alle Pflanzenteile sind giftig. **Giftig**.

Gewöhnlicher Trompetenbaum

Catalpa bignonioides

> große, dünne, herzförmige Blätter
> Blüten trompetenförmig
> bohnenähnliche Kapselfrüchte

Merkmale Kurzstämmiger, 5–15 m hoher Baum mit breiter, hoch gewölbter Krone; Blätter herzförmig, bis 20 cm lang, unterseits weich behaart; Blüten im Juni/Juli, trompetenförmig, weiß, im Schlund mit gelben Streifen und purpurvioletten Tüpfeln, in bis 30 cm langen Rispen; 30–35 cm lange, bohnenähnliche Kapselfrüchte, ungenießbar. **Vorkommen** Stammt aus dem Südosten Nordamerikas; Park- und Gartenbaum in klimamilden Regionen Mitteleuropas. **Wissenswertes** Die Blätter hängen bei Trockenheit schlaff herab. Die hellbraune Borke schuppt im Alter ab.

Chinesischer Blauglockenbaum

Paulownia tomentosa

> große, breit eiförmige Blätter
> im Winter auffällige braune Blütenknospen
> Borke glatt, graubraun

Merkmale 10–15 m hoher Baum mit lockerer, breit gewölbter Krone oder Strauch; Blätter bis 25 cm lang, teils schwach gelappt; Blüten im April/Mai, tricherförmig, blauviolett, innen mit gelben Streifen, in 20–30 cm langen Rispen; eiförmige Kapselfrüchte, ungenießbar. **Vorkommen** In Ostasien beheimatet; Park- und Gartenbaum in wintermilden Gegenden Mitteleuropas. **Wissenswertes** Die bereits im Herbst angelegten Blüten erscheinen nur nach milden Wintern vor dem Laubaustrieb. Der botanische Name geht auf die russische Prinzessin Anna Paulowna zurück.

Stein-Eiche
Quercus ilex

> Blattunterseite graufilzig
> Zweige graubraun, behaart
> bis 7 cm lange Blütenkätzchen

Merkmale 5–25 m hoher, meist kurzstämmiger Baum mit breiter Krone; immergrün, Blätter ledrig, Blattform variabel, oft oval bis lanzettlich, ganzrandig bis gezähnt; Blüten im April/Mai, unscheinbar; ab September länglich ovale Eicheln. **Vorkommen** Mediterrane, wenig frostharte Art, in Mitteleuropa meist nur in Parks. **Wissenswertes** Die Stein-Eiche entwickelt bis 10 m tiefe Wurzeln; dadurch und dank ihrer ledrigen Blätter kann sie lange Trockenperioden gut überstehen. Sie ist ein Charakterbaum der mediterranen Hartlaubwälder.

Gewöhnlicher Faulbaum
Frangula alnus

> Blüten zu 2–10 in den Blattachseln
> Früchte rund, erbsengroß, schwarz
> Rinde mit hellen Korkwarzen

Merkmale 1,5–5 m hoher Strauch oder Baum mit lichter Krone; Zweige unbedornt; Blätter breit eiförmig, 3–6 cm lang, dunkelgrün, Rand gewellt; Blüten im Mai/Juli, gelblich weiß; ab August rote, später schwarze Steinfrüchte. **Vorkommen** In Mitteleuropa fast überall häufig, in lichten Wäldern, an Waldrändern, in Mooren und Heiden. **Wissenswertes** Der Faulbaum wurde nach dem fauligen Geruch der Borke benannt. Er heißt auch Pulverbaum, da die nach dem Verbrennen entstehende Holzkohle früher zur Herstellung von Schießpulver diente. Alle Pflanzenteile sind giftig. **Giftig**.

Tulpen-Magnolie
Magnolia x soulangeana

> breit ausladend
> Blüten erscheinen meist mit den Blättern
> Blüten tulpenförmig, groß

Merkmale 3–6 m hoher, locker aufgebauter Baum oder Strauch; Blätter verkehrt eiförmig, 15–20 cm lang; Blüten im April/Mai, aufrecht, tulpenförmig, später schalenförmig geöffnet, bis 25 cm Durchmesser; Blütenfarbe je nach Sorte weiß, dann außen rötlich überlaufen, oder dunkelrosa. **Vorkommen** Kultivar, in Frankreich als Kreuzung zwischen 2 chinesischen Magnolien-Arten entstanden. **Wissenwertes** Die Tulpen-Magnolie ist wohl die am häufigsten zu sehende Magnolie. Sie blüht bereits als junge Pflanze. Der Frühjahrsblüte folgt oft eine spärlichere Nachblüte im Sommer.

Echte Quitte
Cydonia oblonga

- Blätter oberseits matt dunkelgrün
- Blattunterseite dicht filzig behaart
- Blüten einzeln stehend

Merkmale 4–6 m hoch; natürliche Wuchsform strauchig, Baumformen sind auf Stämme veredelt; Blätter eiförmig, 5–10 cm lang; Blüten im Mai/Juni, weiß bis rosa, fünfzählig, ca. 5 cm Durchmesser, einzeln; Früchte apfel- oder birnenförmig, bei der Reife im Oktober goldgelb. **Vorkommen** Ursprünglich in Westasien beheimatet, wahrscheinlich bereits von den Römern nach Süd- und Mitteleuropa gebracht; Obstgehölz in warmen, wintermilden Regionen. **Wissenswertes** Die roh kaum genießbaren Früchte lassen sich zu schmackhaftem Gelee, Kompott, leckerer Marmelade oder zu Saft verarbeiten.

Echte Mispel
Mespilus germanica

- längliche Blätter
- Blattunterseite fein filzig behaart
- Früchte mit 5 Kelchblattzipfeln

Merkmale 3–6 m hoher aufrechter, mäßig verzweigter Baum oder Strauch, Wildformen mit Dornen, junge Zweige dicht behaart; Blätter lanzettlich bis länglich oval, 6–12 cm lang; Blüten im Mai/Juni, weiß; apfelförmige, rotbraune Früchte. **Vorkommen** Im Altertum aus Westasien nach Süd- und Mitteleuropa eingeführt, früher häufig als Obstgehölz kultiviert, in Weinbauregionen gelegentlich verwildert. **Wissenswertes** Die Früchte werden erst nach Frosteinwirkung genießbar. Sie werden dann teigig, schmecken süßsäuerlich und eignen sich z. B. für Marmeladen.

Gewöhnlicher Sanddorn
Hippophae rhamnoides

- Blattunterseite weißlich grau
- Zweige bedornt
- Blüten in kurzen Trauben

Merkmale 1–5 m hoher Baum oder Strauch, sparrig verzweigt, Zweige bedornt; Blätter schmal lanzettlich, 1–6 cm lang, oberseits graugrün, unterseits weißlich grau; zweihäusig, Blüten im April/Mai vor dem Laubaustrieb, grünlich bis bräunlich; ab September erbsengroße gelborange bis orangerote, beerenartige Früchte. **Vorkommen** In fast ganz Europa, vor allem in Küstengebieten. **Wissenswertes** Die Früchte liegen mit ihrem hohen Vitamin-C-Gehalt noch weit vor Zitrusfrüchten oder Kiwis. Roh sind sie ungenießbar, man verarbeitet sie zu Marmeladen, Säften oder Likören.

Schmalblättrige Ölweide
Elaeagnus angustifolia

- schmale, graugrüne Blätter
- Blüten außen weißlich, innen gelb
- Früchte oval, hellgelb

Merkmale 6–8 m hoher Strauch oder Baum, unregelmäßig aufgebaut, oft sparrig verzweigt; Zweige mit 1–3 cm langen Dornen; Blätter schmal lanzettlich, oberseits graugrün, unterseits silbrig weiß; Blüten im Juni, glöckchenförmig, außen weiß, innen gelb, süßlich duftend; olivenartige Früchte. **Vorkommen** Im Mittelmeerraum und in Kleinasien beheimatet, in Mitteleuropa gepflanzt, teils verwildert. **Wissenswertes** Ölweiden wachsen selbst auf kargen Sandböden, sind salzverträglich und werden u. a. als Windschutzgehölze eingesetzt. Die Früchte sind essbar und schmecken süßlich.

Korb-Weide
Salix viminalis

- sehr schmale Blätter
- Blattunterseite seidig silbergrau
- walzenförmige Kätzchen

Merkmale 2–10 m hoher Baum oder Strauch; zweihäusig, Blütenkätzchen im März/April vor dem Blattaustrieb, männliche grau mit gelben Staubgefäßen, weibliche grün; Blätter schmal lanzettlich, bis 15 cm lang, unterseits seidig behaart; ab Mai grauwollige Fruchtkätzchen. **Vorkommen** In fast ganz Europa, vor allem an feuchten Standorten, Flussufern und Feuchtwiesen. **Wissenswertes** Früher wurden Korb-Weiden regelmäßig stark zurückgeschnitten. Dadurch trieben sie jährlich neue, bis über 2 m lange Ruten aus, die man für die Korbflechterei nutzte. Dies führte zum typischen Erscheinungsbild mit gedrungenem Stamm und langen, dünnen Trieben.

Kübler-Weide
Salix x smithiana

- leicht runzelige Blätter
- Blattunterseite graufilzig
- Kätzchen eiförmig, gelb

Merkmale 5–6 m hoher, straff aufrechter Strauch oder schmalkroniger Baum; zweihäusig, Blütenkätzchen im März/April vor dem Blattaustrieb, männliche Kätzchen eiförmig, gelb; Blätter lanzettlich, 6–12 cm lang, unterseits grau befilzt; Fruchtkätzchen grau behaart. **Vorkommen** Kreuzung zwischen Korb-Weide und Sal-Weide (*S. viminalis* x *S. cinerea*); robustes Feld- und Landschaftsgehölz. **Wissenswertes** Imker schätzen die Art als frühe Bienenweide. Der Nektar enthält bis zu 60% Zucker. Meist werden nur männliche Exemplare gepflanzt.

Echter Kreuzdorn
Rhamnus cathartica

> **› bedornte Triebe**
> **› Blattnerven bogig zur Blattspitze verlaufend**
> **› Früchte erbsengroß**

Merkmale 2–6 m hoher Baum oder Strauch; kreuzgegenständig verzweigt, lange Sprossdornen; Blätter breit oval, 4–6 cm lang, fein gezähnt; Blüten im Mai/Juni, klein, gelbgrün, in Trugdolden; ab September kleine, schwarzviolette Steinfrüchte. **Vorkommen** In Europa zerstreut; an Waldsäumen, Trockenhängen, in Weide- und Feldgebüschen. **Wissenswertes** Der Strauch ist Zwischenwirt eines Haferrostpilzes und wird deshalb in Ackernähe nicht geduldet. Für die Raupen des Zitronenfalters ist er im Spätfrühling eine wichtige Futterpflanze. Enthält Gifte, besonders in Früchten und in der Borke. **Giftig**.

Gewöhnliches Pfaffenhütchen
Euonymus europaeus

> **› Zweige oft vierkantig**
> **› doldenartige Blütenstände in den Blattachseln**
> **› Fruchtkapsel karminrot**

Merkmale 1,5–3 (6) m hoher Strauch, zuweilen auch Baum; sparrig, reich verzweigt; Blätter eiförmig bis lanzettlich, 3–8 cm lang, gesägt, orange bis scharlachrote Herbstfärbung; zweihäusig, Blüten im Mai, grünlich weiß; ab August karminrote Fruchtkapseln, darin Samen mit orangefarbenem Fleischmantel. **Vorkommen** Häufig, in Auwäldern, an Waldrändern, in Ufergebüschen. **Wissenswertes** Die Kapselfrüchte erinnern nach dem Aufspringen an eine barrettähnliche Kopfbedeckung, die katholische Pfarrer früher oft trugen, daher kommt der Name. Alle Pflanzenteile sind stark giftig! **Giftig**.

Hainbuchen-Ahorn
Acer carpinifolium

> **› etwa 20 parallele Blattnervenpaare**
> **› Blätter sehr kurz gestielt**
> **› Fruchtflügel zueinander rechtwinklig**

Merkmale 5–10 m hoher Baum oder Strauch; Blätter verkehrt eiförmig, länglich, 8–12 cm lang, doppelt gesägt, sehr kurz gestielt, goldgelbe Herbstfärbung; zweihäusig, Blüten im Mai, grüngelb, in Trauben; paarige Flügelnüsschen. **Vorkommen** Ziergehölz in Parks, seltener in Gärten; stammt aus den Bergwäldern Japans. **Wissenswertes** Die für Ahorne untypischen, nicht gelappten Blätter ähneln denen der Hainbuche (Seite 32). Bei jener sind die Blätter jedoch wechselständig – ein zuverlässiges Unterscheidungsmerkmal. In milden Jahren bleibt das Laub lange hängen.

Schwarz-Pappel
Populus nigra

> Blattform variabel
> Blattgrund ohne Drüsen
> graubraune, im Alter gefurchte Borke

Merkmale 15–30 m hoher, breitkroniger Baum; junge Zweige rund, gelbbraun, kahl; Blätter dreieckig bis rautenförmig, lang zugespitzt, 5–10 cm lang, kerbig gesägt, beidseits unbehaart, lang gestielt; zweihäusig, hängende Kätzchen im März/April, vor dem Laubaustrieb, männliche rot, weibliche gelbgrün. **Vorkommen** Häufig, in Auwäldern, an Altwässern, in Uferbereichen. **Wissenswertes** Recht oft zu sehen ist die schmal säulenförmige Pyramiden-Pappel, *P. nigra* 'Italica', die gern in Alleen gepflanzt wird. Abgesehen von der Wuchsform gleicht sie weitgehend der beschriebenen Art.

Kanada-Pappel
Populus x *canadensis*

> Blätter fast dreieckig
> am Blattgrund meist 1–2 Drüsen
> kegelförmige Krone

Merkmale 20–30 m hoher Baum mit kegelförmiger, geschlossener Krone; junge Zweige rund bis leicht kantig, kahl; Blätter lang zugespitzt, 6–10 cm lang, kerbig gesägt, lang gestielt; zweihäusig, hängende Kätzchen im März/April, vor dem Laubaustrieb. **Vorkommen** In der freien Landschaft und im Siedlungsbereich, als Alleebaum. **Wissenswertes** Diese schnellwüchsige Hybride zwischen Schwarz-Pappel und einer kanadischen Art (*P. deltoides*) wurde bis Mitte des 20. Jh. sehr häufig gepflanzt, oft in Monokulturen zur Papier- und Zellstoffgewinnung. Sie wird auch Bastard-Schwarz-Pappel genannt.

Zitter-Pappel, Espe
Populus tremula

> abgeflachte Blattstiele
> Blätter fast rund
> junge Borke glatt, gelbgrau

Merkmale 10–30 m hoher, breitkroniger Baum; Borke gelblich grau und glatt, später schwarzgrau, rissig; junge Zweige kahl; Blätter rund bis breit eiförmig, 3–7 cm lang, buchtig gezähnt, unterseits blaugrün, mit bis 7 cm langen, seitlich zusammengedrückten Blattstielen; zweihäusig, hängende, grauzottige Kätzchen im März/April, vor dem Laubaustrieb. **Vorkommen** Häufig, in lichten Mischwäldern, an Waldrändern, in Baumhecken. **Wissenswertes** Aufgrund der langen, flachen Blattstiele bewegen sich die Blätter schon bei sanften Brisen – sie »zittern wie Espenlaub«.

Schwarz-Erle, Rot-Erle
Alnus glutinosa

> Blattspitze abgerundet, eingekerbt
> junge Zweige und Blätter klebrig
> Borke rissig, schwarzbraun

Merkmale 10–25 m hoher Baum mit breiter Krone; junge Zweige kahl, klebrig; Blätter mit abgerundeter, eingekerbter Spitze, 4–10 cm lang, doppelt gesägt; Kätzchen im März/April vor dem Laubaustrieb; Fruchtzapfen zu dritt bis zu fünft, dunkelbraun. **Vorkommen** Häufig, in der Ebene und im Gebirge bis 1000 m Höhe; in Au- und Bruchwäldern, an Ufern, in Moorgebieten. **Wissenswertes** Erlen gehen eine Symbiose mit im Boden lebenden Strahlenpilzen ein, die Stickstoff aus der Luft binden und für die Baumwurzeln verfügbar machen. Dadurch können sie auch karge Standorte besiedeln.

Grau-Erle, Weiß-Erle
Alnus incana

> Blätter zugespitzt
> junge Zweige nicht klebrig
> Borke hellgrau, glatt

Merkmale 8–12 m hoch, Baum mit kegelförmiger Krone oder dicht verzweigter Strauch; junge Zweige leicht behaart, nicht klebrig; Blätter eiförmig bis elliptisch, 5–10 cm lang, doppelt gesägt, unterseits weiß- bis graugrün; Kätzchen im März/April, vor dem Laubaustrieb; Fruchtzapfen dunkelbraun, zu viert bis zu acht. **Vorkommen** Vorwiegend in Gebirgslagen, an Flüssen und Bächen, in Auwäldern, an feuchten Hängen. **Wissenswertes** Die Grau-Erle bildet reichlich Ausläufer und eignet sich deshalb gut zur Befestigung von Ufern.

Herzblättrige Erle
Alnus cordata

> Blattbasis herzförmig
> Blattrand nur fein gesägt
> Borke grau, rissig

Merkmale 10–15 m hoher Baum mit schmal ovaler Krone; Blätter eiförmig mit herzförmiger Basis, 5–10 cm lang, fein gesägt, lang gestielt; Kätzchen im März/April vor den Blättern; braune Fruchtzapfen, einzeln, zu zweit oder zu dritt stehend. **Vorkommen** Heimisch im Mittelmeerraum, bei uns als Feldgehölz, an Landstraßen oder in Parks gepflanzt. **Wissenswertes** Anders als die zweihäusigen Weiden und Pappeln sind die Erlen eingeschlechtig einhäusig, d. h. jede Pflanze trägt männliche und weibliche Blütenkätzchen. Die männlichen Kätzchen sind meist hängend und deutlich größer als die weiblichen.

Weiß-Birke, Hänge-Birke

Betula pendula

> Borke weiß, abblätternd
> Zweige überhängend
> junge Zweige warzig

Merkmale 8–25 m hoher Baum, Krone locker kegelförmig, mit überhängenden Zweigen; weiße Borke, im Alter schwarz, längsrissig; Blätter rautenförmig bis dreieckig, zugespitzt, 3–6 cm lang, doppelt gesägt, goldgelbe Herbstfärbung; Blütenkätzchen im April/Mai, vor oder mit Laubaustrieb, männliche gelblich braun, hängend, bis 10 cm lang; Fruchtkätzchen hängend, walzenförmig. **Vorkommen** Zerstreut, in lichten Wäldern, auf Heiden und Mooren; häufig als Zierbaum. **Wissenswertes** Für die weiße Farbe der Stämme sorgt der Inhaltsstoff Betulin, der das Holz vor Tierfraß und Vernässung schützt. Zudem reflektiert die helle Farbe die Sonne und verhindert so eine Überhitzung der Rinde.

Moor-Birke

Betula pubescens

> junge Blätter, Blattstiele und Zweige behaart
> Zweige kaum überhängend

Merkmale 5–20 m hoher, oft mehrstämmiger Baum oder Strauch; schmutzig weiße Borke, in dünnen Streifen abrollend; Blätter breit eiförmig, 4–6 cm lang, doppelt gesägt; Blütenkätzchen im April/Mai, mit dem Laubaustrieb; Blüten- und Fruchtkätzchen der Weiß-Birke ähnlich. **Vorkommen** Zerstreut in kühlen Lagen, vom Tiefland bis in die Alpen; in Moor- und Bruchwäldern, nur auf sauren Böden. **Wissenswertes** Die Wuchsform der Moor-Birke kann sehr unterschiedlich sein. In Hochlagen wächst sie meist nur als niedriger Strauch.

Schwarz-Birke

Betula nigra

> Borke rot- bis gelbbraun
> junge Zweige dicht behaart
> Fruchtkätzchen aufrecht

Merkmale 15–20 m hoher, locker rundkroniger, meist mehrstämmiger Baum; Borke kraus aufgerollt, nicht ablösend, im Alter fast schwarz; Blätter rautenförmig bis eiförmig, 4–9 cm lang, doppelt gesägt oder schmal gelappt, oberseits glänzend grün, unterseits blaugrün, gelbe Herbstfärbung; Blütenkätzchen im April/Mai, vor dem Laubaustrieb, gelblich. **Vorkommen** Im östlichen Nordamerika beheimatet; bei uns Zier- und Landschaftsgehölz. **Wissenswertes** In ihrer Heimat wächst die Schwarz-Birke in Sumpfgebieten und wird oft als Erosionsschutz gepflanzt.

Berg-Ulme, Weißrüster

Ulmus glabra

> **› Blattbasis asymmetrisch**
> **› Blätter oberseits rau**
> **› Nüsschen rundum geflügelt**

Merkmale 20–40 m hoher, meist kurzstämmiger Baum; Blätter elliptisch bis breit eiförmig, oft dreispitzig, 8–18 cm lang; Blüten März/April, vor dem Laubaustrieb, grün-rötlich, in dichten Büscheln; Früchte ab Mai, Samen (Nuss) in der Mitte der Flügelfrucht, Flügel nicht eingeschnitten. **Vorkommen** Vom Tiefland bis in die Alpen in 1400 m Höhe; in Berg- und Schluchtwäldern, in Auwäldern, an Hängen. **Wissenswertes** Die meist stark asymmetrische Blattbasis ist ein typisches Kennzeichen der Ulmen: Die beiden Blatthälften sind ungleich und setzen unten am Stiel schief an.

Feld-Ulme, Rotrüster

Ulmus minor

> **› Blattbasis asymmetrisch**
> **› Blätter oberseits glänzend grün**
> **› Fruchtflügel eingeschnitten**

Merkmale 20–35 m hoher, meist kurzstämmiger Baum; Blätter elliptisch bis eiförmig, 4–18 cm lang, doppelt gesägt; Blüten ähnlich denen der Berg-Ulme; ab Mai elliptische Flügelnüsschen, Samen in der oberen Hälfte, direkt unterhalb des Flügeleinschnitts. **Vorkommen** Nur bis etwa 500 m Höhe, in Au- und Mischwäldern; oft als Feldgehölz und Alleenbaum gepflanzt. **Wissenswertes** Das Ulmensterben, hervorgerufen durch einen Schadpilz, der durch Ulmensplintkäfer übertragen wird, kann alle Ulmen befallen, hat aber die Bestände der Feld-Ulme am stärksten geschädigt.

Flatter-Ulme

Ulmus laevis

> **› Blattbasis asymmetrisch**
> **› Blattunterseite dicht grauhaarig**
> **› Blüten und Früchte lang gestielt**

Merkmale 10–35 m hoher, breiter Baum mit lockerer Krone; Blätter verkehrt eiförmig, 6–12 cm lang, doppelt gesägt; Blüten im März/April vor den Blättern, hängend, in dichten Büscheln; Früchte rundlich eiförmig, Samen in der Mitte, Flügel oben eingeschnitten. **Vorkommen** In Ost- und Mitteleuropa verbreitet, nach Westen seltener; in Au- und Bruchwäldern, in feuchten Niederungen. **Wissenswertes** Die Flatter-Ulme ist der einzige heimische Baum, der Brettwurzeln bilden kann, wie man sie aus den Tropen kennt. Ihre Blüten »flattern« an den langen Stielen im Wind.

Rot-Buche

Fagus sylvatica

> 5–9 Blattnervenpaare
> dreiklappige Fruchtbecher
> Borke glatt, hellgrau

Merkmale 25–30 m hoher Baum, dicht verzweigt, im freien Stand ausladend; Blätter eiförmig, 5–10 cm lang, dunkelgrün glänzend, Rand schwach gekerbt oder gezähnt, teils ganzrandig; Blüte im April/Mai, männliche Blüten in Büscheln, weibliche in behaarten, später verholzenden Fruchtbechern, darin ab September je 2 dreikantige Nüsse (Bucheckern). **Vorkommen** Häufig, von der Ebene bis in Mittelgebirgslagen; Forstbaum und Zierbaum, auch geschnitten in Hecken. **Wissenswertes** Die Rot-Buche ist in Mitteleuropa der wichtigste laubabwerfende Waldbaum. Ihre Früchte, die Bucheckern, werden durch Eichhörnchen, Eichelhäher und andere Tiere verbreitet.

Blut-Buche

Fagus sylvatica 'Purpurea'

> Blätter schwarzrot
> 5–9 Blattnervenpaare
> rundliche Krone

Merkmale Wie die Rot-Buche (*Fagus sylvatica*), jedoch mit im Austrieb glänzend dunkelroten, später matt schwarzroten Blättern. **Vorkommen** Ziersorte der Rot-Buche, häufig in Gärten und Parks. **Wissenswertes** Die intensive Rotfärbung wird durch den Farbstoff Anthocyan verursacht, der im Zellsaft des äußeren Blattgewebes gelöst ist. Zusammen mit dem Blattgrün der darunter liegenden Zellen ergibt sich die fast schwarzrote Farbe. Für eine schöne Ausfärbung ist ein sonniger Standort nötig.

Scheinbuche, Südbuche

Nothofagus antarctica

> fischgrätenartig verzweigt
> Blätter zweizeilig angeordnet
> Blattrand stark gewellt

Merkmale 5–7 m hoher Baum oder Strauch, meist mehrstämmig, unregelmäßig aufgebaut; kleine Blätter, breit eiförmig, 1–2 cm lang, glänzend grün, gesägter, welliger Rand, im Austrieb aromatisch duftend, leuchtend gelbe Herbstfärbung; Blüten im April/Mai, grünlich gelb. **Vorkommen** Die Schein- oder Südbuche stammt aus Südamerika; Zierbaum in Parks und Gärten. **Wissenswertes** Dieser Baum ist eines der wenigen Gehölze aus der südlichen Hemisphäre, die bei uns gut gedeihen. In ihrer Heimat wächst die Scheinbuche als Krummholz auch noch an der Baumgrenze, so zum Beispiel in den chilenischen Anden.

Gewöhnliche Hainbuche

Carpinus betulus

> 10–15 Blattnervenpaare
> Nüsse mit dreilappigem Tragblatt
> Borke mit Netzmuster

Merkmale 5–25 m hoher Baum mit hoch gewölbter Krone, Stamm oft drehwüchsig, wulstig, Borke grau; Blätter elliptisch bis eiförmig, 4–10 cm lang, scharf doppelt gesägt, oberseits dunkelgrün, deutlich ausgeprägte Seitennerven; männliche und weibliche Blütenkätzchen im Mai mit Blattaustrieb, gelbgrün, hängend; ab September kleine braune Nüsse mit Tragblatt. **Vorkommen** Weit verbreitet und häufig; in Laubmischwäldern und Feldgehölzen, als Straßenbaum und in Hecken. **Wissenswertes** Die Früchte werden durch den Wind und durch Tiere, vor allem Nager, verbreitet.

Baum-Hasel

Corylus colurna

> Blätter breit eiförmig
> Fruchthülle klebrig, tief geschlitzt
> Astrinde rau, korkig

Merkmale 10–15 m hoher Baum, Krone kegelförmig; Blätter breit eiförmig, 6–15 cm lang, doppelt gesägt, gelappt wirkend; Blütenkätzchen im Februar/März vor dem Laubaustrieb, männliche gelbbraun, hängend; Früchte in Büscheln, Fruchthülle tief geschlitzt, dickschalige, bis 1,5 cm lange, essbare Nüsse. **Vorkommen** In Südosteuropa und Kleinasien beheimatet; bei uns als Straßenbaum, in Grünanlagen und Alleen gepflanzt. **Wissenswertes** Diese äußerst robuste Verwandte der strauchigen Haselnuss (*C. avellana*) ist trockenheits- und hitzeverträglich und toleriert eine hohe Abgasbelastung.

Gewöhnliche Hopfenbuche

Ostrya carpinifolia

> schlank zugespitzte Blätter
> hopfenähnliche Fruchtstände
> alte Borke grobschuppig

Merkmale 10–20 m hoher Baum mit breit kegelförmiger Krone oder Strauch; Blätter eiförmig, 5–12 cm lang, fein doppelt gesägt, oberseits dunkelgrün, 11–15 Seitennervenpaare; Blüte im April/ Mai, männliche Kätzchen bis 12 cm lang, hängend, schon über Winter frei am Baum; Fruchtstände mit eiförmigen Nüssen in blasigen Hüllen. **Vorkommen** Im Mittelmeergebiet und den Südalpen verbreitet; Parkbaum in wintermilden Regionen Mitteleuropas. **Wissenswertes** In mittleren Höhenlagen Süd- und Südosteuropas wächst die Hopfenbuche vielerorts als bestandbildendes Waldgehölz.

Sommer-Linde
Tilia platyphyllos

> Blätter oben flaumig behaart, unten mit weißen Achselbärten
> Blüten zu zweit bis zu fünft

Merkmale 15–40 m hoher, meist kurzstämmiger Baum mit erst kegelförmiger, später rundlicher Krone; Blätter schief herzförmig, 8–15 cm lang, flaumig behaart; Blüten im Juni, hellgelb, zwei- bis fünfblütige Blütenstände; ab September graufilzige Früchte, deutlich fünfrippig. **Vorkommen** Wild selten bis zerstreut, jedoch vielfach gepflanzt und verwildert; wächst in artenreichen Laub-, Berg- und Schluchtwäldern; klassischer Dorfbaum. **Wissenswertes** Als Früchte bilden die Linden kleine Nüsse aus, der Fruchtstand ist an ein Tragblatt angeheftet, das als Flugorgan zur Windverbreitung dient.

Winter-Linde
Tilia cordata

> Blattoberseite unbehaart
> blattunterseits rotbraune Achselbärte
> Blüten zu fünft bis elft

Merkmale 10–30 m hoher, meist kurzstämmiger Baum mit anfangs kegelförmiger, später hoch gewölbter Krone; Blätter schief herzförmig, 3–6 cm lang, kahl; Blüten im Juni/Juli, hell grüngelb, fünf- bis elfblütige Stände; ab September graufilzige Früchte, schwach gerippt. **Vorkommen** Wie Sommer-Linde; wild v. a. in sommerwarmen Regionen, auch in Auwäldern; als Dorf- und Alleenbaum gepflanzt, als Feldgehölz und in Parks. **Wissenswertes** Winter- und Sommer-Linden sind empfindlich gegenüber Luftverschmutzung.

Silber-Linde
Tilia tomentosa

> Blüten zu fünft bis zu zehnt
> Blattunterseite silbrig befilzt
> junge Zweige graufilzig

Merkmale 10–30 m hoher Baum, Äste spitzwinklig aufstrebend; Blätter rundlich bis herzförmig, 7–10 cm lang, goldgelbe Herbstfärbung; hellgelbe Blüten im Juli, duftend; kleine eiförmige, gerippte Nussfrüchte. **Vorkommen** In Südosteuropa und Kleinasien beheimatet; bei uns als Park- und Alleebaum gepflanzt. **Wissenswertes** Im Juli findet man oft tote Hummeln unter Silber-Linden, deshalb nahm man lange an, dass deren Blütennektar giftig sei. Doch nach neueren Untersuchungen sind die Hummeln wahrscheinlich nur völlig erschöpft, bis sie endlich bei den Silber-Linden ankommen, weil im Spätsommer Mangel an anderen Nektarquellen herrscht.

Edel-Kastanie, Ess-Kastanie

Castanea sativa

- grob gezähnte Blätter
- lange gelbliche Blütenstände
- stachelige Fruchthülle

Merkmale 10–30 m hoher Baum mit ausladender Krone; Blätter länglich, 10–25 cm lang, grob gezähnt, oberseits dunkelgrün, mit deutlichen parallelen Seitennerven; Blüten im Juni/Juli, männliche Blüten gelblich, in Knäueln, weibliche unscheinbar; ab September Fruchthülle mit bei Reife braunen Nussfrüchten (Maronen). **Vorkommen** Ursprünglich aus Kleinasien; in wintermilden Regionen Mitteleuropas als Parkbaum oder in Mischwäldern gepflanzt. **Wissenswertes** Die Ess-Kastanie wurde wie manch anderes vorderasiatische Nutzgehölz von den alten Römern nach Germanien und Britannien eingeführt.

Gewöhnliche Stechpalme, Hülse

Ilex aquifolium

- Blätter oft stachelig gezähnt
- schwarzbraune Borke
- erbsengroße rote Früchte

Merkmale Breit aufrechter, 2–8 m hoher, immergrüner Strauch oder Baum; Blätter eiförmig, 3–8 cm lang, stachelig gezähnt, ledrig, dunkelgrün glänzend, Altersblätter oft ganzrandig; zweihäusig, weiße kleine Blüten im Mai/Juni in den Blattachseln; glänzend rote Steinfrüchte ab Oktober. **Vorkommen** Wild in Wäldern, hauptsächlich im Westen, Nordwesten und Alpenvorland, geschützte Art; Landschafts- und Ziergehölz. **Wissenswertes** In Gärten und Parks sieht man häufig großfrüchtige Sorten, deren Blätter kaum Stachelzähne haben. Früchte und Blätter sind stark giftig. **Giftig**.

Gewöhnliche Mehlbeere

Sorbus aria

- Blattunterseite weiß behaart
- weiße Blüten in Schirmrispen
- rotorange Früchte

Merkmale 5–12 m hoher Baum oder Strauch, breitkronig, kurzstämmig; Blätter variabel, meist elliptisch, 6–12 cm lang, doppelt gesägt, ledrig derb, oberseits dunkelgrün; Blüten im Mai/Juni, weiß, Kelch weißfilzig; ab September rotorange, kugelige Früchte. **Vorkommen** In Mitteleuropa, v. a. in Mittelgebirgslagen; an sonnigen Waldrändern, Hängen und Böschungen, als Feldgehölz. **Wissenswertes** Roh sind die recht fad und mehlig schmeckenden Früchte leicht giftig. In Notzeiten wurden sie getrocknet und gemahlen als Mehlzusatz verwendet.

Hahnensporn-Weißdorn

Crataegus crus-galli

> bis 6 cm lange Dornen
> Blüten in Schirmrispen
> stumpfrote, rundliche Früchte

Merkmale 6–10 m hoher Baum mit schirmartiger Krone oder breiter Strauch; Blätter verkehrt eiförmig, 2–5 cm lang, gesägt, dunkelgrün glänzend, ledrig, orangerote Herbstfärbung; Blüten im Mai/Juni, weiß, in vielblütigen Schirmrispen; Früchte stumpfrot, rundlich, gut 1 cm Durchmesser. **Vorkommen** Im östlichen Nordamerika beheimatet; Zierbaum im öffentlichen Grün, selten in Gärten, stellenweise verwildert. **Wissenswertes** Von den heimischen Weißdorn-Arten (Seite 72) lässt sich diese Art anhand ihrer nicht gelappten Blätter und der langen Dornen leicht unterscheiden.

Kultur-Apfel

Malus domestica

> Blattunterseite behaart
> Blüten in dichten Doldentrauben
> Blüten außen rötlich

Merkmale 2–15 m hoher Baum, vielgestaltig, da meist durch Erziehung und Schnitt geformt; Blätter mindestens doppelt so lang wie ihr Stiel; Blüten im April/Mai, weiß bis zartrosa, oft außen rötlich überlaufen, 5 Blütenblätter; Früchte groß, Färbung je nach Sorte verschieden. **Vorkommen** Als stets veredeltes Gehölz in zahlreichen Sorten gepflanzt. **Wissenswertes** Kultursorten können sich nicht selbst befruchten, sie brauchen immer eine zweite Sorte als Pollenspender. Verwilderte Apfelbäume bringen nur kleine Früchte und sind kaum vom seltenen Holz-Apfel (*M. sylvestris*) zu unterscheiden, der teils Dornen an den kurzen Fruchttrieben trägt.

Vielblütiger Apfel, Zier-Apfel

Malus floribunda

> Blätter leicht behaart oder kahl
> Blüten kräftig rötlich
> sehr kleine Früchte

Merkmale 3–10 m hoher breitkroniger Baum oder aufrechter Strauch; Blätter eiförmig bis elliptisch, 2–6 cm lang, doppelt gesägt, selten gelappt; Knospen tiefrot, Blüten im Mai, rosa, oft auch kräftig hellrot; zahlreiche kleine Apfelfrüchte mit kaum 1 cm Durchmesser, an der Sonnenseite rotbackig. **Vorkommen** In Japan beheimatet, auch dort nur in Kultur bekannt. **Wissenswertes** Der sehr reich blühende und fruchtende *M. floribunda* ist die Stammart vieler Hybriden, die als Zier-Äpfel gepflanzt werden. Die Früchte schmecken sehr sauer.

Garten-Birne, Kultur-Birne

Pyrus communis

> ältere Blätter kahl
> untere Blatthälfte oft ganzrandig
> Blüten riechen streng

Merkmale 2–25 m hoher Baum, Wuchsform stark durch Erziehung und Schnitt geprägt; Blätter rundlich bis eiförmig, 2,5–8 cm lang, oft fast ebenso lang gestielt, ledrig, fein gesägt oder gekerbt; Blüten im April/Mai, weiß, meist mit roten Staubbeuteln; Früchte je nach Sorte. **Vorkommen** In zahlreichen Sorten gepflanzt, eher in wärmeren Regionen anzutreffen. **Wissenswertes** Birnbäume brauchen wie Apfelbäume je eine zweite Sorte als Pollenspender. Kultur-Birnen sind wie die meisten Obstgehölze veredelt, d. h., die gewünschte Fruchtsorte wird auf die Stammbasis eines anderen Gehölzes, der Unterlage, gepfropft. Birnen veredelt man häufig auf Quitten.

Wild-Birne, Holz-Birne

Pyrus pyraster

> Kurztriebe z. T. bedornt
> untere Blatthälfte meist gesägt
> Früchte klein

Merkmale 5–20 m hoher Baum mit unregelmäßiger Krone; Blätter wie Garten-Birne, doch Rand meist auch in unterer Hälfte gesägt; Blüten ähnlich Garten-Birne, jedoch kleiner; kleine gelbe oder bräunliche Früchte, ungenießbar. **Vorkommen** Vor allem in sommerwarmen, wintermilden Regionen Mitteleuropas, zerstreut in lichten Wäldern, in Feldgebüschen und an Hängen; selten. **Wissenswertes** Die Früchte schmecken unangenehm sauer und herbbitter. Sie enthalten zahlreiche verholzte, harte, große Zellen, die man Steinzellen nennt.

Pflaume, Zwetschge

Prunus domestica

> Blattoberseite mattgrün
> Blüten meist zu zweit
> behaarte Blütenstiele

Merkmale 3–15 m hoher Baum, im Alter breit ausladend; Blätter eiförmig, 4–10 cm lang, gesägt; Blüten im April/Mai, vor oder mit dem Laubaustrieb, weiß oder grünlich weiß; Früchte ab August. **Vorkommen** Ursprungsgebiet in Vorderasien; als Obstbaum in zahlreichen Sorten gepflanzt. **Wissenswertes** Bei den Früchten unterscheidet man Pflaumen (groß, eher rundlich, blauviolett, gelb oder rötlich) und Zwetschgen (mittelgroß, länglich, blau bis violett); zur selben Art gehören auch die Mirabellen (klein, kugelig, gelb) sowie die Renekloden (grüngelb oder rötlich). Diese Vielfalt verdanken wir ursprünglich Zufallsmutationen.

Pfirsich, Nektarine

Prunus persica

> Blätter über der Mitte am breitesten
> Blüten meist einzeln
> Blüten rosa bis rot

Merkmale 3–10 m hoher Baum oder Strauch; Blätter breit lanzettlich, 8–15 cm lang, scharf gesägt; Blüten im März/April, vor oder mit dem Laubaustrieb, rosa oder rotviolett; ab Juli 5–7 cm dicke Früchte mit tief gefurchtem, sich leicht lösendem Stein, behaart (Pfirsiche) oder unbehaart (Nektarinen, *P. p.* var. *nucipersica*). **Vorkommen** Als gepflanzter Obstbaum in wärmeren Regionen. **Wissenswertes** Anders als sein Artname *persica* nahe legt, stammt der Pfirsich ursprünglich aus China. Er gelangte in der Antike über Persien ins antike Griechenland und nach Rom. Die Römer brachten ihn nach Mittel- und Westeuropa.

Aprikose, Marille

Prunus armeniaca

> Blätter rundlich
> Blattstiel meist mit 2 Drüsenhöckern
> Blüten fast sitzend

Merkmale 4–8 m hoher Baum, fast waagrecht abstehende Äste; Blätter rundlich eiförmig bis herzförmig, 5–10 cm lang, gesägt; Blüten im März/April, vor dem Laubaustrieb, weiß, außen rötlich; ab Juli kugelige, fein behaarte, etwa 3 cm dicke Früchte mit sich leicht lösendem Stein, gelb, teils rot überlaufen. **Vorkommen** In der Römerzeit aus Westasien eingeführt; Obstbaum in wintermilden Gegenden. **Wissenswertes** Die frühe Blüte der Aprikosenbäume ist bei uns stark durch Spätfröste im Frühling gefährdet, so dass die ganze Ernte ausfallen kann.

Mandelbaum

Prunus dulcis var. *dulcis*

> Blätter schmal länglich
> Blüten 3–5 cm groß
> eiförmige befilzte Früchte

Merkmale 3–10 m hoher Baum oder Strauch; Blätter schmal, 5–12 cm lang, Blattstiele um 2 cm lang; Blüten im März/April, vor dem Laubaustrieb, hellrosa oder weiß; grüne, filzig behaarte Früchte, die einen schwach gefurchten Steinkern, die Mandel, enthalten. **Vorkommen** In Westasien beheimatet; frostempfindlich, in milden Lagen Mitteleuropas gelegentlich angebaut. **Wissenswertes** Bei Süß-Mandeln ist der Amygdalin-Gehalt sehr gering, Bitter-Mandeln (*P. d.* var. *amara*) dagegen enthalten bis zu 8% dieser zu Blausäure umgesetzten Verbindung und sind in größeren Mengen hochgiftig.

Sauer-Kirsche, Weichsel

Prunus cerasus

> Blattstiel meist ohne Drüsen
> bis 3,5 cm lange Blütenstiele
> Borke abrollend

Merkmale 3–6 m hoher Baum, Äste weniger steil als bei der Süß-Kirsche; Blätter eiförmig bis elliptisch, 6–12 cm lang, gesägt, oberseits glänzend; Blüten im April/Mai, vor dem Laubaustrieb, weiß, zu zweit bis viert in sitzenden Dolden; ab Juni sauer schmeckende Steinfrüchte, hellrot bis dunkel braunrot. **Vorkommen** Wild in Westasien vorkommend, in der Römerzeit nach Mitteleuropa eingeführt. **Wissenswertes** Die wohl bekannteste Sorte, die Schattenmorelle, kam durch »radikale« Eindeutschung des französischen Chateau de Moreille zu ihrem Namen. In den dortigen Gärten wurde sie, vermutlich als reich fruchtende Zufallsmutation, schon 1598 entdeckt.

Süß-Kirsche, Vogel-Kirsche

Prunus avium

> Blattstiel mit roten Drüsen
> bis 5 cm lange Blütenstiele
> Borke mit warzigen Streifen

Merkmale 8–20 m hoher Baum, Äste schräg aufwärts wachsend, im Alter breit ausladend; Blätter eiförmig bis elliptisch, zugespitzt, 5–15 cm lang, gesägt, unterseits behaart; Blüten im April/Mai, vor dem Laubaustrieb, weiß, zu zweit bis viert in sitzenden Dolden; ab Juni süß schmeckende Steinfrüchte, rot bis schwarzrot oder gelblich. **Vorkommen** Als Wildform in Mitteleuropa zerstreut; als veredelter Obstbaum in vielen Sorten gepflanzt. **Wissenswertes** Die Nutzung der Vogel-Kirsche als Obst reicht vermutlich bis in die Eisenzeit zurück.

Steinweichsel, Felsen-Kirsche

Prunus mahaleb

> Blätter kurz gestielt
> Blüten in Doldentrauben
> Borke längsrissig

Merkmale 3–6 m hoher Strauch oder Baum mit sparrigem, ausladendem Wuchs; Blätter rundlich eiförmig, kerbig gesägt, oberseits glänzend; kleine weiße Blüten im April/Mai vor oder zugleich mit dem Laubaustrieb; ab Juni erbsengroße Steinfrüchte, anfangs gelbrot, später schwarz, herbbitter schmeckend. **Vorkommen** Hauptverbreitungsgebiet im Mittelmeerraum, nördlich bis ins südwestliche Mitteleuropa. **Wissenswertes** Die Steinweichsel wird als Veredlungsunterlage für Süß- und Sauer-Kirschen verwendet. Zuweilen pflanzt man sie als robustes Landschaftsgehölz an steinigen Böschungen.

Kirschpflaume

Prunus cerasifera

- › Blüten meist einzeln
- › rundliche Früchte
- › schwarzgraue, längsrissige Borke

Merkmale 4–8 m hoher Baum, meist mehrstämmig mit runder Krone, oder Strauch; Blätter länglich eiförmig, 4–8 cm lang, gesägt; Blüten im März/April, vor oder mit den Blättern, bei grünblättrigen Formen weiß, bei rotblättrigen rosa, Blütenstiele kahl; Früchte rundlich, gelb oder rot, bis 3 cm Durchmesser, essbar. **Vorkommen** In Westasien beheimatet; bei uns am häufigsten in der schwarzrot belaubten Form (Blutpflaume, *P. cerasifera* 'Nigra') als Ziergehölz zu sehen. **Wissenswertes** Die reine, grünblättrige Art ist eine wichtige Veredlungsunterlage für Kultur-Pflaumen.

Gewöhnliche Traubenkirsche

Prunus padus

- › blüht April–Mai/Juni
- › Blattoberseite matt dunkelgrün
- › Steinkern gefurcht

Merkmale 3–12 m hoher Strauch oder Baum, Haupttriebe straff aufrecht, Zweige überhängend; Blätter verkehrt eiförmig, 6–12 cm lang, fein gesägt; im April/Mai (Juni) hängende weiße Blütentrauben, duftend; ab Juli erbsengroße, schwarze Früchte, essbar (nur verarbeitet, ohne Steinkern). **Vorkommen** In Mitteleuropa meist nur zerstreut; auf feuchten bis nassen Böden, besiedelt vor allem lichte Stellen in Auwäldern. **Wissenswertes** Die Traubenkirsche wird oft von Gespinstmotten befallen und ist dann bereits im Juni völlig kahl gefressen. Die Steinkerne sind giftig, wenn man sie zerbeißt.

Späte Traubenkirsche

Prunus serotina

- › blüht Mai/Juni
- › Blattoberseite deutlich glänzend
- › Steinkern glatt

Merkmale 5–12 m hoher Strauch oder Baum; Blätter verkehrt eiförmig, 8–15 cm lang, fein gesägt, derb; im Mai/Juni hängende weiße Blütentrauben; ab August erbsengroße, dunkelrote bis schwarze Früchte, essbar (nur verarbeitet, ohne Kerne). **Vorkommen** In Nordamerika beheimatet; bei uns als Windschutz- und Pioniergehölz gepflanzt, oft auf Sandböden; gebietsweise verwildert. **Wissenswertes** Die Späte Traubenkirsche wurde bereits im 17. Jh. nach Europa eingeführt und früher häufiger gepflanzt. Die Steinkerne sind giftig, wenn man sie zerbeißt.

Japanische Blütenkirsche

Prunus serrulata

> Blätter meist spitz gezähnt
> lang gestielte Blüten in Schirmtrauben

Merkmale 3–12 m hoher Strauch oder Baum, meist trichterförmig aufrecht; Blätter eiförmig bis elliptisch, 6–15 cm lang, gezähnt, gelbe bis orange Herbstfärbung; Blüten im April/Mai, vor dem Laubaustrieb, weiß oder in Rosatönen, in oft hängenden Schirmtrauben, sehr zahlreich; Sorten meist mit gefüllten Blüten. **Vorkommen** Stammform in Ostasien beheimatet, Sorten häufig in Gärten und in öffentlichen Grünanlagen gepflanzt. **Wissenswertes** Es gibt etliche Sorten mit sehr unterschiedlichen Wuchsformen: strauchig, säulenartig, mit ausladender Krone oder mit langen Hängetrieben. Die Art wird auch Grannen-Kirsche genannt.

Frühjahrs-Kirsche, Higan-Kirsche

Prunus subhirtella

> Blätter grob gesägt
> Blüten in Dolden
> Blüten kurz gestielt

Merkmale 3–6 m hoher Strauch oder Baum, lockerer Wuchs, Zweige im Alter überhängend; Blätter eiförmig, zugespitzt, 3–8 cm lang, einfach bis doppelt gesägt, gelbe bis orange Herbstfärbung; Blüten im April/Mai, vor dem Laubaustrieb, weiß oder in Rosatönen, einfach oder gefüllt; selten kleine schwarze Steinfrüchte. **Vorkommen** In Japan beheimatet, bei uns als Ziergehölz gepflanzt. **Wissenswertes** Die schon 1901 nach Europa eingeführte Sorte 'Autumnalis' nennt man auch Schnee-Kirsche, da sie ihre Blüten bei günstiger Witterung bereits im November entfaltet.

Mandelbäumchen

Prunus triloba

> Blätter oft dreilappig
> Blüten stehen dicht gedrängt
> Blüten röschenartig

Merkmale 1,5–3 m hoher Strauch, oft baumartig auf Stämmchen veredelt; Blätter breit elliptisch, vorn häufig dreilappig, 3–6 cm lang, scharf doppelt gesägt; Blüte im März bis Mai, vor oder mit dem Laubaustrieb, rosa, fast immer gefüllt, bis 3 cm Durchmesser, gestielt; Früchte rundlich, selten. **Vorkommen** In China beheimatet; bei uns vor allem in wintermilden Regionen als Ziergehölz gepflanzt, da die Blüte sehr spätfrostempfindlich ist. **Wissenswertes** Trotz ihres Namens hat diese auch als Ziermandel bekannte Art eher Ähnlichkeit mit den Zier-Kirschen als mit der echten Mandel (Seite 42). Sie wurde bereits 1855 als Kulturform aus China eingeführt.

Kahle Felsenbirne

Amelanchier laevis

> Blattaustrieb rötlich
> Blattunterseite kahl
> Kelchblätter an der Frucht zurückgeschlagen

Merkmale 3–5 m hoher Strauch oder Baum, locker aufrecht; Blätter eiförmig bis elliptisch, fein gesägt, 4–6 cm lang, gelbe bis rote Herbstfärbung, Blätter zur Blütezeit meist voll entfaltet; Blüten im Mai, weiß, bis 4 cm Durchmesser, in hängenden Trauben; ab August etwa 1 cm große Apfelfrüchte, anfangs rot, später blauschwarz bereift, essbar. **Vorkommen** Stammt aus dem östlichen Nordamerika; gepflanzt in Parks und Gärten, in der Landschaft und als Feldgehölz. **Wissenswertes** Die Felsenbirnen zeigen eine prächtige Herbstfärbung, von der sich die blauschwarzen Früchte gut abheben.

Kupfer-Felsenbirne

Amelanchier lamarckii

> Blattaustrieb kupferrot
> Unterseite anfangs seidig behaart
> Kelchblätter an Frucht aufrecht

Merkmale 6–8 m hoher, breit aufrechter Strauch oder Baum; Blätter elliptisch, 3–8 cm lang, fein gesägt, gelbe bis orangerote Herbstfärbung, Blätter zur Blütezeit im Mai meist noch nicht voll entfaltet; Blüten weiß, kleiner als bei *A. laevis*, in lockeren Trauben; Früchte anfangs rot, reif schwarzpurpurn, essbar. **Vorkommen** Im östlichen Nordamerika beheimatet; in Westeuropa und im westlichen Mitteleuropa in lichten Laubwäldern eingebürgert. **Wissenswertes** Die kleinen Früchte werden zu Marmeladen und Gelees verarbeitet, sind aber auch frisch schmackhaft.

Gewöhnliche Felsenbirne

Amelanchier ovalis

> Blattunterseite filzig
> Blüten zottig behaart
> Kelchblätter an Frucht aufrecht

Merkmale 1–3 m hoher aufrechter, locker verzweigter Strauch; Blätter oval bis rundlich, 2,5–5 cm lang, gesägt, Herbstfärbung orange bis rot; Blüten im April/Mai vor dem Blattaustrieb, klein, zottig behaart, streng duftend; erbsengroße, kugelige, blauschwarze Früchte, essbar. **Vorkommen** In Südeuropa beheimatet, kommt auch nördlich der Alpen (bis Hessen und Thüringen) hier und da wild vor. **Wissenswertes** Die Gewöhnliche Felsenbirne vermag als Pionierpflanze karge, trockene Böden zu besiedeln und treibt selbst dort kräftig Ausläufer. Man sieht sie vor allem an vollsonnigen, heißen Standorten.

Weißer Maulbeerbaum

Morus alba

> Blattoberseite leicht rau
> unterseits nur die Adern behaart
> Fruchtstände weiß bis rosa

Merkmale 6–15 m hoher Baum; Blätter variabel, breit eiförmig oder drei- bis fünflappig, 6–20 cm lang, grob gezähnt, hellgrün; kätzchenähnliche Blüten im Mai/Juni; ab August weiße oder hellrosa Fruchtstände, fad schmeckend. **Vorkommen** In Ostasien beheimatet; in Südeuropa häufig, in wintermilden Regionen Mitteleuropas selten angepflanzt. **Wissenswertes** Die »Maulbeeren« sind so genannte Scheinfrüchte: Sie setzen sich aus zahlreichen kleinen Nüssen mit einer fleischigen Hülle zusammen. Die Blätter dieser Art dienen in Asien seit alters als Futter in der Seidenraupenzucht.

Schwarzer Maulbeerbaum

Morus nigra

> Blattoberseite sehr rau
> Blattunterseite behaart
> Früchte dunkelrot bis schwärzlich

Merkmale Dem Weißen Maulbeerbaum ähnlich, Blätter jedoch oberseits dunkelgrün und sehr rau; reife Fruchtstände dunkelrot bis schwarzviolett, 2–2,5 cm lang, schmecken säuerlich aromatisch. **Vorkommen** In Vorderasien beheimatet; in Südeuropa verbreitet, in klimabegünstigten Gegenden Mitteleuropas gelegentlich gepflanzt. **Wissenswertes** Obwohl die Weiße Maulbeere etwas frosthärter sein soll, sieht man die Rote bei uns gebietsweise häufiger. Denn wegen ihrer besser schmeckenden Früchte, wurde sie schon im Mittelalter als Obstgehölz kultiviert.

Eisenholzbaum, Parrotie

Parrotia persica

> Blätter ledrig, glänzend
> sehr auffällige Herbstfärbung
> Borke löst sich schuppig ab

Merkmale 5–8 m hoher Baum oder aufrechter, ausladender Strauch; Blätter verkehrt eiförmig, 6–10 cm lang, oberseits glänzend dunkelgrün, obere Hälfte bogig gezähnt; Blüten im März vor dem Blattaustrieb, ohne Kronblätter, mit tiefbraunen, samtig behaarten Hochblättern und roten Staubblättern. **Vorkommen** Im Nordiran beheimatet; als Ziergehölz in Parks und großen Gärten gepflanzt. **Wissenswertes** Die Blätter bieten im Herbst ein leuchtendes Farbenspiel in Gelb, Orange oder Purpurrot, das oft über mehrere Wochen anhält.

Sal-Weide, Palm-Weide

Salix caprea

- **Blätter runzelig**
- **graufilzige Blattunterseite**
- **rotbraune Zweige**

Merkmale 2–10 m hoch, als Strauch aufrecht, als Baum oft mit schiefem, hohlem Stamm; Blätter variabel, länglich elliptisch bis rund, 6–10 cm lang, oberseits graugrün, unterseits dicht befilzt, gezähnt oder ganzrandig; Kätzchen von März bis Mai vor den Blättern, anfangs silbrig pelzig, männliche eiförmig. **Vorkommen** In Mittel- und Westeuropa, vom Tiefland bis in 1800 m Höhe; häufig gepflanzt. **Wissenswertes** Alle Weiden sind zweihäusig, d. h. die männlichen und die meist weniger auffälligen weiblichen Kätzchen entstehen auf verschiedenen Bäumen.

Großblättrige Weide

Salix appendiculata

- **Blattoberseite stark runzelig**
- **Blattränder wellig**
- **Blätter lang, schmal**

Merkmale 2–6 m hoher Strauch oder Baum, breitwüchsig; Blätter schmal, verkehrt eiförmig, 5–18 cm lang, grob gezähnt oder auch ganzrandig, Blattoberseite tief geadert, herzförmige Nebenblätter; Kätzchen im April/Mai vor oder während des Blattaustriebs. **Vorkommen** Mitteleuropäische Art, hauptsächlich im Gebirge und Vorland verbreitet, wächst an Nordhängen, auf Felshalden, in Schluchtgebüschen. **Wissenswertes** Diese Weide kreuzt sich in der Natur öfter mit anderen Arten, meist mit der Sal-Weide, und ist deshalb in der Blattform recht veränderlich.

Reif-Weide

Salix daphnoides

- **Zweige bläulich bereift**
- **Blattoberseite glänzend dunkelgrün**
- **Unterseite blaugrün**

Merkmale 4–10 m hoher Baum oder Strauch mit ovaler Krone; junge Zweige anfangs bereift, später rotbraun, steif, nicht elastisch; Blätter lanzettlich, spitz, 4–12 cm lang, fein gesägt; Kätzchen im März/April vor den Blättern, anfangs silbrig, später gelb. **Vorkommen** In Mitteleuropa verbreitet, auch gepflanzt und verwildert. Oft im Überschwemmungsbereich von Flüssen. **Wissenswertes** Männliche Exemplare werden wegen der auffälligen Kätzchen auch als Ziergehölze gepflanzt, meist in Strauchformen. Die Reif-Weide ist im Frühjahr die erste Weidenart, die blüht, manchmal schon im Februar.

Bruch-Weide, Knack-Weide

Salix fragilis

- Blattoberseite glänzend dunkelgrün
- Blattstiel mit 2 Drüsen
- Fruchtstände lang, hängend

Merkmale 5–15 m hoher Baum oder Strauch, Stamm oft krumm, Krone unregelmäßig rundlich; Blätter lanzettlich, bis 16 cm lang, oberseits dunkelgrün, unterseits matt bläulich, fein gesägt; gelbgrüne Kätzchen im April/Mai gleichzeitig mit dem Blattaustrieb. **Vorkommen** In Mitteleuropa verbreitet, oft gepflanzt und verwildert; in Ufergebüschen und Auwäldern, verträgt zeitweise Überschwemmung. **Wissenswertes** Bruch- oder Knack-Weide heißt diese Art wegen ihrer spröden jungen Zweige, die leicht und mit knackendem Geräusch abbrechen.

Silber-Weide

Salix alba

- Blattunterseite silbrig behaart
- Blattstiel ohne Drüsen
- Borke längsrissig

Merkmale 8–20 m hoher, kurz- oder schiefstämmiger Baum oder Strauch; Blätter schmal lanzettlich, 5–10 cm lang, Ränder fein gesägt; Kätzchen im April/Mai gleichzeitig mit dem Blattaustrieb. **Vorkommen** Verbreitung und Standorte ähnlich wie bei der Bruch-Weide; sehr häufig gepflanzt. **Wissenswertes** Früher wurden von Silber-Weiden häufig Ruten für Flechtarbeiten gewonnen. Deshalb zeigen ältere Exemplare oft den Habitus von Kopf-Weiden (siehe Korb-Weide, Seite 18). Eine besondere Form, die Trauer-Weide (*S. alba* 'Tristis'), wächst weit ausladend mit herabhängenden Zweigen.

Korkenzieher-Weide

Salix matsudana 'Tortuosa'

- Zweige und Blätter spiralig gewunden
- Blätter schmal lanzettlich
- kleine Kätzchen

Merkmale 4–8 m hoher Strauch oder Baum; Äste, Zweige und Blätter korkenzieherartig verdreht; Blätter schmal lanzettlich, lang zugespitzt, 5–10 cm lang, scharf gesägt; kleine Kätzchen im März/April. **Vorkommen** Kultivar einer ostasiatischen Stammform; geringe Bodenansprüche. **Wissenswertes** Diese Sorte ist dank ihrer besonderen Wuchsform – ursprünglich eine Laune der Natur – kaum zu verwechseln. Lediglich die Korkenzieher-Hasel (*Corylus avellana* 'Contorta') bietet auf den ersten Blick ein ähnliches Bild, hat aber breite, rundliche, stark geaderte Blätter.

Purpur-Weide

Salix purpurea

- junge Zweige purpurn
- Blätter nur im oberen Drittel gezähnt
- Kätzchen sitzend

Merkmale 2–6 m hoher Strauch oder Baum, vieltriebig, oft besenförmig verzweigt; Blattpaare häufig angenähert und dadurch gegenständig erscheinend; Blätter variabel, meist verkehrt lanzettlich, 5–10 cm lang, unterseits bläulich; Kätzchen im März/April, erscheinen vor den Blättern, männliche erst purpurn, später gelb. **Vorkommen** In Mitteleuropa verbreitet; meist an Flussufern und Gräben, in Weidegebüschen und Auwäldern. **Wissenwertes** Auch dies war früher eine beliebte Weide für die Korbflechterei (siehe Korb-Weide, Seite 18), die man wegen der roten, feinen Zweige besonders schätzte.

Lavendel-Weide

Salix elaeagnos

- Blätter sehr schmal
- Blattunterseite filzig behaart
- Blattränder eingerollt

Merkmale 2–6 m hoher Strauch oder Baum, aufrecht, vieltriebig, Zweige steif; Blätter lanzettlich bis linealisch, 5–15 cm lang, fein gesägt; im April/Mai kleine Kätzchen an kurzen beblätterten Zweigen. **Vorkommen** In Mittel- und Südeuropa verbreitet, wild im Alpenbereich, im Schwarzwald und Bodenseegebiet; weiter nördlich meist gepflanzt, teils verwildert; oft auf Kies-, Schotter- und Sandufern. **Wissenwertes** Die Lavendel-Weide verträgt zeitweilige Überschwemmungen und wird gern zum Rekultivieren etwa von Kies- und Sandgruben eingesetzt.

Mandel-Weide

Salix triandra

- Borke schuppig ablösend
- Zweige brüchig
- Blätter beidseitig glänzend grün

Merkmale 2–4 m hoher Strauch oder Baum, aufrecht, teils ausladend; Rinde unter abschuppender Borke rotbraun; Blätter lanzettlich, 5–10 cm lang, gesägt; gelbe Kätzchen im April/Mai vor oder mit dem Blattaustrieb. **Vorkommen** In ganz Europa zerstreut, häufig gepflanzt; fast nur im Tiefland, in Auwäldern, an Flüssen und Bächen. **Wissenwertes** Die Mandel-Weide wird vorwiegend zur Uferbefestigung oder als Pioniergehölz auf nassen Standorten gepflanzt. Sie zählt ebenfalls zu den Weiden, die gutes Korbflechtmaterial liefern. Der deutsche Name bezieht sich auf die mandelbaumähnlichen Blätter.

Spitz-Ahorn

Acer platanoides

> Blätter spitz fünf- bis siebenlappig
> Blattstiel mit Milchsaft
> Fruchtflügel im stumpfen Winkel

Merkmale 15–25 m hoher meist kurzstämmiger, rundkroniger Baum; Blätter bogig gezähnt, 10–18 cm breit, glänzend grün, Herbstfärbung gelborange; Blüten im April/Mai vor dem Laubaustrieb, gelbgrün, fünfzählig in kurzen, aufrechten Rispen; ab September paarweise geflügelte Nüsschen. **Vorkommen** Vom Tiefland bis in gut 1000 m Höhe; in Laubmisch-, Auen- und Schluchtwäldern, in Feldgehölzen; oft als Alleenbaum. **Wissenswertes** Hauptbestäuber des Spitz-Ahorns sind Bienen. Sie sammeln auch den im Sommer durch starken Blattlausbefall gebildeten Honigtau. Durch die propellerartigen Flügel werden die Früchte mit dem Wind verbreitet.

Kolchischer Ahorn

Acer cappadocicum

> Blätter mit 5–7 dreieckigen Lappen
> Blüten zu 10–15
> stumpfwinklige Flügel

Merkmale Kurzstämmiger, breiter 10–15 m hoher Baum, rundliche, lockere Krone; Blätter mit 5–7 dreieckigen, ganzrandigen Lappen, 8–14 cm breit, goldgelbe Herbstfärbung; Blüten im Mai/Juni, hellgelb, in Rispen; Flügelnüsschen mit stumpf-winklig gespreizten Flügeln. **Vorkommen** Im Kaukasus und Kleinasien beheimatet; als Park- und Straßenbaum gepflanzt; braucht Sonne und humose, eher feuchte Böden. **Wissenswertes** Die häufig gepflanzte Sorte 'Rubrum' hat im Austrieb leuchtend rote Blätter, die später vergrünen.

Felsen-Ahorn, Franz. Ahorn

Acer monspessulanum

> Blätter dreilappig
> Fruchtflügel parallel
> Blattstiel ohne Milchsaft

Merkmale 3–10 m hoher Baum, sparrig verzweigt, oft unregelmäßige Krone; Blätter mit 3 ausgeprägten, fast glattrandigen Lappen, 3–6 cm lang, an langen, rötlichen Stielen, gelbe Herbstfärbung; Blüten im April/Mai, gelbgrün, in überhängenden, kurzstieligen Rispen; Fruchtflügel wirken wie zusammengeklappt. **Vorkommen** Im Mittelmeergebiet verbreitet, im westlichen Mitteleuropa nur in klimabegünstigten Lagen. **Wissenswertes** Die Bestände in deutschen Weinbaugebieten an Mosel, Nahe, Rhein und Main resultieren wahrscheinlich aus einer vor langer Zeit vollzogenen Einbürgerung.

Feld-Ahorn, Maßholder

Acer campestre

> Blätter drei- bis fünflappig
> Zweige z. T. mit Korkleisten
> Fruchtflügel im 180°-Winkel

Merkmale 5–15 m hoher kurzstämmiger Baum, kegelförmige bis rundliche Krone, auch strauchig; Blätter 4–12 cm lang, Lappen recht variabel, meist stumpf, aber auch spitz; hellgrün, Herbstfärbung gelborange bis rot; Blüten im Mai/Juni, gelbgrün, in aufrechten Rispen; paarige Flügelnüsschen. **Vorkommen** In Mittel- und Südosteuropa heimisch, vielfach auch eingebürgert, häufig; wächst in Mischwäldern, Feldhecken, an Waldrändern. **Wissenswertes** Der Feld-Ahorn liefert ein dekoratives rötliches Holz, das für Schreinerarbeiten geschätzt wird und für Parkett Verwendung findet.

Schlangenhaut-Ahorn

Acer capillipes

> Blätter dreilappig
> Borke olivgrün mit weißen Längsstreifen
> Blüten gelblich

Merkmale 5–10 m hoher Baum oder Strauch, lockerer Kronenaufbau; Blattstiele rot; Blätter dreilappig, 6–12 cm lang, fein gesägt, im Austrieb rötlich; im Herbst gelborange bis rot; Blüten gelblich, in hängenden Rispen im Mai; Fruchtflügel fast waagrecht abgespreizt. **Vorkommen** Aus Japan; auffälliger Baum in Parks und Gärten; wächst auf humosen, kalkarmen Böden in Sonne und lichtem Schatten. **Wissenswertes** Die Schlangenhaut- oder Streifen-Ahorne wirken durch die auffällig gemusterte Borke auch im Winter dekorativ.

Fächer-Ahorn

Acer palmatum

> Blätter fünf- bis siebenlappig
> Blüten purpurfarben
> Fruchtflügel rot

Merkmale 2–4 m hoher Strauch oder Baum, oft mehrstämmig mit breit ovaler Krone; Blätter fünf- bis siebenlappig, tief eingeschnitten, 6–10 cm breit, frischgrün mit leuchtend roter Herbstfärbung; Blüten im Mai, in Rispen; Fruchtflügel stumpfwinklig zueinander. **Vorkommen** In Japan und Korea beheimatet; beliebtes Ziergehölz in Gärten und Parks. **Wissenswertes** Es existieren etwa 300 verschiedene Züchtungen, darunter Miniaturpflanzen für Felsgärten und Kultivare in zahlreichen Blattformen und -farben. Besonders populär ist die Sorte 'Atropurpureum', deren Blätter den ganzen Sommer über rot bleiben.

Berg-Ahorn
Acer pseudoplatanus

> Blätter fünflappig
> Blattränder mit kurzen Zacken
> Fruchtflügel im 90°-Winkel

Merkmale 25–30 m hoher Baum mit hoch gewölbter Krone; Blätter fünflappig, 8–18 cm breit, gesägt, oberseits dunkelgrün, unterseits hell und oft graugrün behaart, lang gestielt, goldgelbe Herbstfärbung; Blüten im Mai, gelbgrün, in hängenden, bis 12 cm langen, traubenartigen Rispen; ab September Flügelnüsschen. **Vorkommen** In Mittel- und Südosteuropa heimisch; im Tiefland und im Gebirge bis 1700 m Höhe; in Laubmisch- und Auwäldern, in Schluchtwäldern. **Wissenswertes** Nach altem Volksglauben schützt Ahorn vor Hexen, deshalb wurden z. B. in Mecklenburg Zapfen aus Ahornholz in die Türen der Ställe geschlagen.

Silber-Ahorn
Acer saccharinum

> Blätter tief fünflappig
> Blattunterseite silbrig behaart
> blüht vor dem Blattaustrieb

Merkmale 15–20 m hoher Baum mit ausladender Krone mit überhängenden Zweigen; Blätter 8–15 cm lang und breit, Lappen scharf gesägt, gelbe Herbstfärbung; Blüten lange vor dem Laubaustrieb im März erscheinend, grün bis rötlich; Fruchtflügel stumpfwinklig zueinander stehend. **Vorkommen** Im östlichen Nordamerika beheimatet; Parkbaum. **Wissenswertes** Der Silber-Ahorn gehört zu den wenigen Ahorn-Arten, deren Blüten vor den Blättern erscheinen. In seiner Heimat wird er für die Sirup- bzw. Zuckergewinnung verwendet: Man ritzt die Rinde im Frühjahr ein und fängt den Saft auf.

Feuer-Ahorn
Acer tataricum subsp. *ginnala*

> Blätter dreilappig
> rote Herbstfärbung
> Blüten in aufrechten Rispen

Merkmale 5–7 m hoher Strauch oder Baum, vieltriebig, lockerer Aufbau; Blätter mit meist deutlich größerem Mittellappen, gesägt, glänzend grün; Blüten im Mai, grünlich weiß, duftend; Fruchtflügel rötlich, fast parallel zueinander angeordnet. **Vorkommen** Stammt aus Ostasien; recht anspruchslose, winterharte Art für sonnige Standorte. **Wissenswertes** Der Feuer-Ahorn zählt zu den am häufigsten gepflanzten kleinen Ahorn-Arten und wurde lange als eigene Art, *A. ginnala*, betrachtet. Der deutsche Name kommt von der leuchtenden Herbstfärbung.

Stiel-Eiche
Quercus robur

> Blätter kurz gestielt
> Eicheln lang gestielt
> Borke dunkelgrau, tief gefurcht

Merkmale 20–35 m hoher Baum, meist kurzstämmig mit breiter runder Krone; Blätter verkehrt eiförmig, unregelmäßig rund gelappt, 5–10 cm lang, sehr kurz gestielt, unbehaart, oberseits glänzend tiefgrün, Blattgrund meist mit 2 kleinen Öhrchen; Blüte im April/Mai, männliche Kätzchen hängend; Eicheln einzeln bis zu dritt an einem 3–10 cm langen Stiel. **Vorkommen** In Mitteleuropa häufig, von der Ebene bis ins mittlere Bergland. **Wissenswertes** Stiel-Eichen können 800 Jahre und älter werden. Dieses Alter erreichen sie jedoch selten, da sie als Nutzholz-Lieferanten sehr begehrt sind.

Trauben-Eiche
Quercus petraea

> Blätter lang gestielt
> Eicheln kurz gestielt
> Borke graubraun, gerippt

Merkmale 20–30 m hoher Baum, meist langstämmig mit breiter, runder Krone; Blätter verkehrt eiförmig, recht regelmäßig gelappt, 8–12 cm lang, um 2 cm lang gestielt, unbehaart, oberseits glänzend tiefgrün, Blattgrund meist ohne Öhrchen; Blüte im April/Mai, männliche Kätzchen hängend; Eicheln zu mehreren an sehr kurzem, gemeinsamem Stiel. **Vorkommen** Ebenso weit verbreitet wie die Stiel-Eiche, oft mit Buche und Hainbuche vergesellschaftet. **Wissenswertes** Die Trauben-Eiche blüht ca. 2 Wochen früher als die Stiel-Eiche und ist dadurch noch etwas stärker spätfrostgefährdet.

Flaum-Eiche
Quercus pubescens

> junge Zweige dicht behaart
> Blattstiele behaart
> Blattunterseite filzig

Merkmale 5–10 m hoher Baum oder Strauch, als Baum oft schiefwüchsig und breitkronig; Blätter verkehrt eiförmig, regelmäßig abgerundet gelappt, 5–10 cm lang, anfangs beidseits flaumig behaart, oben bald verkahlend; Blüten im April/Mai, unscheinbar; Eicheln einzeln bis zu viert sitzend oder kurz gestielt, etwa zur Hälfte vom Becher umgeben. **Vorkommen** Die Flaum-Eiche ist eine südeuropäische Art, sie erreicht in milden Lagen des südwestlichen Mitteleuropa die Nordgrenze ihrer Verbreitung; selten. **Wissenswertes** In der Nähe der Flaum-Eiche wachsen häufig Trüffel.

Zerr-Eiche

Quercus cerris

> Blätter tief gelappt
> Unterseite flaumig behaart
> Fruchtbecher langschuppig

Merkmale 20–30 m hoher Baum, oft langstämmig; junge Zweige flaumig behaart; Blätter im Umriss schmal eiförmig, 6–12 cm lang, tief gelappt, Lappen zugespitzt; Blüten im April, lange hängende Kätzchen; Eicheln einzeln bis zu viert, sitzend oder kurz gestielt. **Vorkommen** Süd- und südosteuropäische Art, selten im südlichen Mitteleuropa; in wintermilden Regionen gelegentlich als Parkbaum. **Wissenswertes** In ihrer südlichen Heimat ist die Zerr-Eiche ein verbreitetes, oft bestandbildendes Waldgehölz. Ihr vertrocknetes Herbstlaub bleibt öfter bis zum Frühjahr am Baum hängen.

Rot-Eiche

Quercus rubra

> Blattlappen zu Spitzen ausgezogen
> auffällige Herbstfärbung
> Fruchtbecher flach

Merkmale 10–25 m hoher Baum, meist langstämmig; Blätter verkehrt eiförmig, beidseits mit 4–6 gezähnten Lappen, 15–20 cm lang, kahl, unterseits blass grün bis grau, gelborange bis rote Herbstfärbung; Blüten im Mai, unscheinbar; Eicheln 2–3 cm lang, einzeln oder zu zweit, kurz gestielt. **Vorkommen** Im östlichen Nordamerika beheimatet; als Forst- und Parkbaum gepflanzt. **Wissenswertes** Von den amerikanischen Eichen wird diese Art in Mitteleuropa am häufigsten gepflanzt, auch als forstlich genutzter Holzlieferant, wenngleich ihr Holz weniger fest ist als das der heimischen Arten.

Sumpf-Eiche

Quercus palustris

> Blätter glänzend grün
> rote Herbstfärbung
> Borke mit Längsfurchen

Merkmale 15–25 m hoher Baum, meist langstämmig mit breit kegelförmiger Krone; Blätter 8–15 cm lang und breit, beidseits mit 2–4 fast waagrecht abstehenden Lappen, diese sind wiederum gelappt-gezähnt, Herbstlaub rötlich; Blüten im Mai, unscheinbar; Eicheln um 1,5 cm lang, einzeln bis zu zweit, fast sitzend. **Vorkommen** Im östlichen Nordamerika beheimatet; dekorativer Parkbaum, in Mitteleuropa fast überall genügend frosthart. **Wissenswertes** Ältere Sumpf-Eichen sind oft ausgesprochen breitkronig und deshalb beliebte Schattenspender. Das Holz wird für Wandvertäfelungen genutzt.

Silber-Pappel

Populus alba

- Blattunterseite weißfilzig
- Samen mit Haarschopf
- Borke weißgrau

Merkmale 15–30 m hoher Baum, breit runde Krone; junge Zweige weißfilzig; Blätter an Langtrieben drei- bis fünflappig, am Rand gekerbt, 6–12 cm lang; Knospen dicht weißfilzig; zweihäusig, hängende Blütenkätzchen im März/April vor dem Laubaustrieb, Kätzchen anfangs mit rötlichen Staubbeuteln bzw. Narben. **Vorkommen** In Mitteleuropa v. a. im Süden und Osten verbreitet, sonst regional eingebürgert. **Wissenswertes** Mit ihrer starken Ausläuferbildung eignet sich die Silber-Pappel gut zum Befestigen von Uferbereichen und feuchten Hängen (andere Pappeln siehe Seite 22).

Elsbeere

Sorbus torminalis

- Blätter spitz gelappt
- Unterseite graugrün
- Blattstiele bis 5 cm lang

Merkmale 5–20 m hoher Baum oder Strauch; Blätter im Umriss breit eiförmig, mit dreieckigen Lappen, 5–10 cm lang, oberseits glänzend dunkelgrün, gelbe bis orangerote Herbstfärbung; sehr zahlreiche rein weiße Blüten im Mai/Juni; ab Oktober eiförmige, etwa 1,5 cm lange, gelbe bis rötliche Früchte, roh ungenießbar. **Vorkommen** In Mitteleuropa vor allem im Süden und Südwesten, in Eichenmischwäldern, an Waldrändern, in Gebüschen. **Wissenswertes** Die kleinen Apfelfrüchte verwendet man manchmal als geschmacksabrundenden und konservierenden Zusatz für Obstweine.

Schwedische Mehlbeere

Sorbus intermedia

- Blätter deutlich länger als breit
- Unterseite graufilzig
- rote Früchte

Merkmale 8–15 m hoher Baum mit dicht verzweigter Krone; Blätter elliptisch, mit gekerbten Lappen, 6–10 cm lang; weiße Blüten im Mai/Juni; ab September eiförmige bis kugelige, scharlachrote Früchte, kaum genießbar. **Vorkommen** In nord- und osteuropäischen Laubwäldern verbreitet, u. a. in Südschweden und in Polen; in Nord- und Nordostdeutschland oft gepflanzt und teils eingebürgert. **Wissenswertes** Wegen ihrer Unempfindlichkeit gegenüber Luftschadstoffen findet die Schwedische Mehlbeere häufig Verwendung als Alleen- und Stadtbaum. In Küstenregionen nutzt man sie für Windschutzpflanzungen.

Zweigriffliger Weißdorn
Crataegus laevigata

> Blätter schwach gelappt
> Blüten mit 2 Griffeln
> rot glänzende Früchte

Merkmale 2–10 m hoher, sparrig verzweigter Strauch oder Baum; um 2 cm lange, spitze Dornen; Blätter 3–5 cm lang, schwach eingeschnittene Lappen mit kerbig gesägten Rändern, oberseits glänzend dunkelgrün, ledrig; Blüten im Mai/Juni, in Doldenrispen, weiß, Zierformen mit roten Blüten; ab August scharlachrote, eiförmige kleine Früchte, essbar. **Vorkommen** In Mitteleuropa im Tiefland bis in untere Mittelgebirgslagen weit verbreitet und häufig; besiedelt lichte Wälder, Waldränder und Hecken. **Wissenswertes** Die namengebenden Dornen der Weißdorn-Arten sind umgebildete Kurztriebe.

Eingriffliger Weißdorn
Crataegus monogyna

> Blätter tief eingeschnitten
> Blüten mit 1 Griffel
> glänzend rot

Merkmale 2–6 m hoher Strauch oder Baum, sparrig, unregelmäßiger Aufbau; bis 2,5 cm lange, spitze Dornen; Blätter 2–5 cm lang, durch tiefe Einschnitte in größere, schwach gezähnte Lappen unterteilt, oberseits matt dunkelgrün; Blütenstände wie Zweigriffliger Weißdorn; ab September meist kugelige, dunkelrote Früchte, essbar. **Vorkommen** Verbreitung wie Zweigriffliger Weißdorn. **Wissenswertes** Die robuste, windfeste Art wird ebenso wie der Zweigrifflige Weißdorn zur Bodenbefestigung verwendet. Beide sind jedoch sehr anfällig für den Feuerbrand, eine gefürchtete Obstbaumkrankheit.

Gewöhnliche Platane
Platanus × hispanica

> scheckiges Rindenmuster
> Blätter drei- bis fünflappig
> Blüten- und Fruchtstände kugelig

Merkmale 10–35 m hoher Baum, meist kurzstämmig mit breiter Krone, untere Zweige herabhängend; Borke gelb bis graubraun, in größeren Lappen ablösend; Blätter 15–25 cm breit, drei- bis fünflappig, nur bis zur Mitte eingeschnitten; Blüten im Mai, unscheinbar, in lang gestielten kugeligen Blütenständen. **Vorkommen** Vermutlich Hybride zwischen Morgenländischer (*P. orientalis*) und Amerikanischer Platane (*P. occidentalis*); recht häufiger Park- und Alleenbaum. **Wissenswertes** Die Platane hat sich als recht robust erwiesen, sie verträgt Stadtklima ebenso wie Abgase.

Amerikanischer Amberbaum
Liquidambar styraciflua

> Blätter spitz gelappt
> intensive Herbstfärbung
> Rinde oft mit Korkleisten

Merkmale 10–25 m hoher Baum, recht schmale Krone; Blätter 10–20 cm lang, mit meist 5 länglichen, zugespitzten Lappen, oberseits glänzend dunkelgrün, lang gestielt; Blüten im Mai, unscheinbar; kugelige, verholzte Fruchtkapseln. **Vorkommen** Stammt aus Nordamerika; stattlicher Zierbaum in Parks und großen Gärten, vor allem in wintermilden Gegenden. **Wissenswertes** In seiner amerikanischen Heimat trägt der Amberbaum zum herbstlichen Farbenschauspiel des »Indian Summer« bei: Über Wochen hinweg verfärbt sich sein Laub in leuchtenden Rot- und Gelbtönen.

Tulpenbaum
Liriodendron tulipifera

> Blätter breit vierlappig
> Blüten tulpenartig
> goldgelbe Herbstfärbung

Merkmale 20–30 m hoher Baum, breit ausladende Krone; Blätter 8–15 cm groß, mit zweizipfeligem Mittellappen und 2 Seitenlappen, frischgrün, lang gestielt; Blüten im Mai/Juni, grünlich weiß mit gelben und orangefarbenen Flecken, 4–5 cm groß; zapfenartige Früchte. **Vorkommen** Stammt aus Nordamerika; Park- und Stadtbaum in wärmeren Regionen. **Wissenswertes** Der Baum wurde schon im 17. Jh. nach Europa eingeführt. Er wird bis 700 Jahre alt. Sein gelbliches Holz ist leicht, aber stabil und wird z. B. für Möbel oder im Modellbau verwendet.

Ginkgo
Ginkgo biloba

> Blätter fächerförmig, eingeschnitten
> goldgelbe Herbstfärbung
> rundliche Samen

Merkmale 10–30 m hoher, kurzstämmiger Baum; Blätter fächerförmig, teils tief gespalten, lang gestielt; zweihäusig, Blüten im April, unscheinbar; an älteren weiblichen Bäumen mirabellenähnliche Samen mit gelbfleischiger Schale, bei Reife unangenehm riechend. **Vorkommen** Der Ginkgo ist in China beheimatet, wurde schon lange in Japan kultiviert und von dort um 1730 nach Europa gebracht. **Wissenswertes** Diese Art überlebte als einzige einer großen Pflanzengruppe, die vor rund 200 Millionen Jahren weltweit verbreitet war. Sie gilt als älteste noch lebende Baumart der Erde.

Geschlitzter Japan-Ahorn

Acer japonicum 'Aconitifolium'

- **Blätter mit 9–11 Abschnitten**
- **Herbstfärbung orangerot**
- **rote Flügelnüsschen**

Merkmale 3–5 m hoher Strauch oder Baum mit locker aufrechtem Wuchs; Blätter 8–15 cm lang, tief fiederschnittig; Blüten im Mai mit purpurroten Kelchblättern und rosa Kronblättern, in traubenartigen Rispen; Flügel der Nüsschen fast rechtwinklig zueinander. **Vorkommen** In Parks und Gärten verbreitete Sorte; die japanische Stammart wird dagegen kaum gepflanzt. **Wissenswertes** Die Art *A. japonicum*, bekannt als Thunbergs Fächer-Ahorn, wurde von dem schwedischen Botaniker und Arzt Carl Peter Thunberg (1743–1828) beschrieben. Er war ein Schüler von Carl von Linné und bereiste Japan, um die dortige Pflanzenwelt zu dokumentieren.

Geschlitzter Fächer-Ahorn

Acer palmatum, Dissectum-Gruppe

- **bis 4 m breit**
- **Blätter in schmale Segmente unterteilt**
- **Herbstfärbung gelb bis orange**

Merkmale 1–3 m hoher Strauch, baumkronenartig ausgebreitet, breit halbkugelig bis schirmförmig; Blätter bis fast an die Basis eingeschlitzt, mit 5–7 schmalen Lappen; Blüte im Mai, Blüten und Früchte unauffällig. **Vorkommen** Kultivare der in Japan und Korea beheimateten Stammart; auffällige Gehölze in Parks und Gärten, öfter auch in rotblättrigen Sorten. **Wissenswertes** Mit ihrem fein geschlitzten Laub verdunsten diese Ahorne recht viel Wasser und gedeihen am besten an luftfeuchten Standorten. Deshalb werden sie häufig in die Nähe eines Teichs gepflanzt.

Eschen-Ahorn

Acer negundo

- **Blätter gefiedert**
- **gelbliche Blütenrispen**
- **Fruchtflügel spitz- bis stumpfwinklig**

Merkmale 10–20 m hoher Baum, breite, locker aufgebaute Krone; Blätter gefiedert mit 5–7 Teilblättchen, diese eiförmig bis länglich eiförmig, unregelmäßig gesägt; zweihäusig, Blüten im März/April, vor dem Laubaustrieb, gelblich, in hängenden Rispen; Flügelnüsschen. **Vorkommen** Der Eschen-Ahorn stammt aus Nordamerika und wurde im 17. Jh. nach Europa eingeführt; recht häufig in Parks und auf öffentlichen Grünflächen. **Wissenswertes** Nicht selten sieht man auch Formen mit gelb- oder weißgrün gefleckten Blättern.

Gewöhnliche Rosskastanie
Aesculus hippocastanum

> **Blätter handförmig**
> **weiße Blütenkerzen**
> **Winterknospen deutlich klebrig**

Merkmale 15–25 m hoher, meist kurzstämmiger Baum mit hoch gewölbter Krone; gefingerte Blätter mit 5–7 Teilblättchen, 10–25 cm lang, länglich verkehrt eiförmig, gesägt bis gezähnt; Blüten im April/Mai, weiß, fünfzählig, in aufrechten, kegelförmigen Rispen; Früchte rundlich, dicht bestachelt, mit braun glänzenden Samen, ungenießbar. **Vorkommen** In den Balkanländern beheimatet, wurde im 16. Jh. nach Mitteleuropa gebracht; Park-, Alleen- und Dorfbaum. **Wissenswertes** Die Blüten zeigen Insekten durch gelbe Flecken im Schlund an, dass sie bestäubungsfähig sind; diese Saftmale verfärben sich innerhalb kurzer Zeit rot.

Rote Rosskastanie
Aesculus × carnea

> **Blüten rosa bis rot**
> **Blätter oft gewellt**
> **Winterknospen kaum klebrig**

Merkmale 10–15 m hoher Baum, kompakte runde Krone; Blätter handförmig gefiedert, meist 5 Teilblättchen, 10–20 cm lang, derb, scharf doppelt gesägt; Blüten im Mai, lange Blütenstände, Kronblätter abgespreizt; Früchte kaum bestachelt, sehr selten. **Vorkommen** Die Art ist eine Kreuzung von *A. pavia* mit *A. hippocastanum* und meist auf Letztere veredelt; an sonnigen Plätzen in Parks, Alleen und großen Gärten. **Wissenswertes** Häufig wird die Sorte 'Briotii' gepflanzt, wegen ihrer dunkelroten Blüten auch Scharlach-Rosskastanie genannt.

Schwarzer Holunder, Holler
Sambucus nigra

> **Blätter unpaarig gefiedert**
> **Zweige mit weißem Mark**
> **Blüten weiß, stark duftend**

Merkmale 2–7 m hoher Strauch oder Baum, aufrecht, sparrig verzweigt; Blätter 10–30 cm lang, meist fünfzählig gefiedert, Teilblättchen eiförmig bis elliptisch, lang zugespitzt; Blüten im Juni, in flachen Schirmrispen; ab September glänzend schwarze, erbsengroße runde Steinfrüchte. **Vorkommen** In Europa fast überall verbreitet und häufig; oft in Siedlungsnähe an Waldrändern, auf Lichtungen, an Böschungen. **Wissenswertes** Die Steinfrüchte können roh oder unreif Verdauungsstörungen verursachen. Erst durch Kochen werden die Giftstoffe in den Samenkernen zerstört.

Roter Holunder

Sambucus racemosa

> Zweige mit gelbbraunem Mark
> scharlachrote Steinfrüchte
> dunkelbraune Borke

Merkmale 2–4 m hoher Strauch, breit aufrecht, schwächer verzweigt als der Schwarze Holunder (Seite 78); Blätter 10–25 cm lang, unpaarig gefiedert, meist fünfzählig, Teilblättchen eiförmig bis lanzettlich, scharf gesägt; Blüten im April/Mai, teils schon vor dem Laubaustrieb, grünlich weiß, fünfzählig, in eiförmigen Rispen. **Vorkommen** In Mitteleuropa verbreitet; in Mischwäldern, in Hecken und Gebüschen. **Wissenswertes** Die Art wird auch Trauben-Holunder genannt. Die Früchte werden erst durch Kochen genießbar (siehe Schwarzer Holunder, Seite 78).

Gewöhnliche Esche

Fraxinus excelsior

> 9–13 Teilblättchen
> unbelaubt mit dicken schwarzen Knospen
> Früchte einzeln

Merkmale 15–35 m hoher, kurz- oder langstämmiger Baum mit runder Krone; junge Rinde glatt und hell olivgrau, ältere Borke rissig; Blätter bis 40 cm lang, mit 9–13 lanzettlichen, fein gesägten Blättchen, nur Endfieder gestielt; Blüten im April/Mai, vor den Blättern, rötlich grün in Rispen; ab September einseitig geflügelte Nüsschen. **Vorkommen** In Mitteleuropa vom Tiefland bis in die Alpen in ca. 1400 m Höhe; in oft fast reinen Beständen in Au- und Schluchtwäldern. **Wissenswertes** Das Holz der Esche zeichnet sich durch hohe Elastizität aus. Früher wurden daraus Ski gefertigt.

Blumen Esche, Manna-Esche

Fraxinus ornus

> 7–9 Teilblättchen
> weiße Blütenrispen
> Winterknospen graufilzig

Merkmale 5–15 m hoher, oft mehrstämmiger Baum, Krone rundlich; Blätter 15–30 cm lang, unpaarig gefiedert, mit 7–9 lanzettlichen, stumpf gesägten Teilblättchen; Blüten im Mai/Juni, klein, weiß, in nickenden Rispen; ab September bräunliche Nüsschen, lange haftend. **Vorkommen** Aus dem östlichen Mittelmeerraum stammend; in Mitteleuropa gelegentlich als Forstbaum gepflanzt, regional eingebürgert. **Wissenswertes** Der Baum sondert aus Stammrissen einen bräunlichen Saft ab, der sich beim Austreten verhärtet. Dieses »Manna« wurde früher als Heilmittel genutzt.

Vogelbeere
Sorbus aucuparia

- Blütenstände flach gewölbt
- Früchte kugelig, orangerot
- glatte, graue Rinde

Merkmale 5–15 m hoher Strauch oder Baum, eiförmige Krone; erst im Alter rissige Borke; Blätter bis 20 cm lang, unpaarig gefiedert, mit 9–17 länglichen, gesägten Fiedern, unterseits oft blaugrün, gelborange bis rote Herbstfärbung; Blüte im Mai/Juni, weiße Schirmrispen, unangenehm riechend; ab August erbsengroße Früchte. **Vorkommen** In Mitteleuropa weit verbreitet, in Mischwäldern, an Waldrändern, auf Heiden; häufig auch gepflanzt. **Wissenswertes** Die »Beeren«, botanisch gesehen kleine Apfelfrüchte, sind nur nach Verarbeitung genießbar. Vögel fressen die Früchte gern und sorgen so für ihre Verbreitung. Die Vogelbeere heißt auch Gewöhnliche Eberesche.

Speierling
Sorbus domestica

- Blütenstände kegelförmig
- kleine Apfelfrüchte
- graubraune, schuppige Borke

Merkmale 10–20 m hoher Baum, meist kurzstämmig mit breit runder Krone; Blätter bis 30 cm lang, unpaarig gefiedert mit 13–21 länglichen Fiedern, diese gesägt, derb ledrig; Blüte im Mai/Juni, weiße Schirmrispen; ab September gelbgrüne bis bräunliche Früchte, sonnenseits rötlich. **Vorkommen** In Südeuropa beheimatet, in wintermilden Gebieten Mitteleuropas regional verwildert. **Wissenswertes** Die gerbstoffhaltigen Früchte sind erst genießbar, wenn sie außen braun und innen teigig werden. Sie dienen als »Würze« für Apfelwein.

Essigbaum, Kolben-Sumach
Rhus typhina

- junge Zweige dicht behaart
- kolbenartige Fruchtstände
- rote Herbstfärbung

Merkmale 4–8 m hoher Strauch oder Baum, sehr breitwüchsig; Blätter bis 50 cm lang, unpaarig gefiedert, mit 11–31 Fiedern, die eilänglich, lang zugespitzt, gesägt und unterseits hell graugrün sind, Herbstfärbung orange bis scharlachrot; Blüten im Juni/Juli, grünlich, in Rispen; aufrechte, rotbraune Fruchtstände, dicht behaart. **Vorkommen** In nordamerikanischen Laubwäldern beheimatet, in Europa häufig in Gärten und Parks gepflanzt. **Wissenswertes** Alle Pflanzenteile enthalten Giftstoffe, die v. a. Hautreizungen hervorrufen können. **Giftig**.

Gewöhnlicher Goldregen

Laburnum anagyroides

> Blätter dreiteilig
> hängende gelbe Blütentrauben
> Rinde glatt, längs gestreift

Merkmale 5–7 m hoher Strauch oder Baum, aufrecht mit überhängenden Zweigen; Blätter dreiteilig, 3–6 cm lang, Teilblättchen ganzrandig; Blüten im Mai/Juni, goldgelb, in 20–30 cm langen, hängenden Trauben; flache Fruchthülsen, seidig behaart. **Vorkommen** In Südeuropa und im südlichen Mitteleuropa verbreitet, weiter nördlich gelegentlich verwildert; seit langem beliebte Zierpflanze. **Wissenswertes** Goldregen enthält in allen Pflanzenteilen das stark giftige Alkaloid Cytisin, besonders stark konzentriert in den Samen. Er zählt zu den giftigsten Gehölzen. **Giftig**.

Gewöhnliche Robinie

Robinia pseudoacacia

> Zweige mit spitzen Dornen
> hängende weiße Blütentrauben
> Borke tief rissig

Merkmale 10–25 m hoher Baum, Krone meist rundlich; Blätter unpaarig gefiedert, 20–30 cm lang, mit 7–19 eiförmigen Fiedern; weiße Blüten im Mai/Juni, in 10–20 cm langen, hängenden Trauben, stark duftend; braune, glatte Fruchthülsen. **Vorkommen** In Nordamerika beheimatet, 1635 nach Europa eingeführt, gilt die auch Scheinakazie genannte Robinie heute als eingebürgert. **Wissenswertes** Die Robinie lebt wie andere Schmetterlingsblütler in Symbiose mit Knöllchenbakterien in ihren Wurzeln, die für sie den Luftstickstoff verfügbar machen. Früchte, Samen, Blätter und Rinde sind giftig. **Giftig**.

Amerikanische Gleditschie

Gleditsia triacanthos

> oft bedornt
> Blätter ohne Endfieder
> Fruchthülsen lang und gedreht

Merkmale 15–20 m hoher Baum, lockere, unregelmäßig aufgebaute Krone; Blätter bis über 20 cm lang, paarig gefiedert, Fiederblättchen teils nochmals gefiedert; goldgelbe Herbstfärbung; Blüten im Juni/Juli, grünlich weiß, in hängenden Trauben; bis 50 cm lange, reif braunrote Fruchthülsen. **Vorkommen** Die Gleditschie ist in Nordamerika beheimatet. Sie wächst dort in Auwäldern; in Mitteleuropa als Park- und Alleenbaum. **Wissenswertes** Nach ihren auffälligen Früchten nennt man die Gleditschie auch Lederhülsenbaum. Die Fruchthülsen und teils auch die Blätter werden als giftig eingestuft. **Giftig**.

Echte Walnuss

Juglans regia

- 5–9 Fiedern
- Blättchen ganzrandig
- glatte Fruchtschale

Merkmale 15–25 m hoher Baum, im Alter breit ausladend; Blätter 20–50 cm lang, unpaarig gefiedert mit 5–9 derben Fiedern; Blüte im Mai, männliche Blüten in hängenden Kätzchen, weibliche unauffällig; ab September glatte, grüne Früchte, darin die gefurchte »Nuss« (Steinkern). **Vorkommen** In Asien und Südosteuropa beheimatet; bei uns in wintermilden Regionen kultiviert. **Wissenswertes** Die Walnuss gelangte zu uns über die »welschen Lande«, wie man Italien und Frankreich früher nannte. Danach hieß der Baum zunächst »Welschnuss«, woraus später die »Walnuss« wurde.

Schwarze Walnuss, Schwarznuss

Juglans nigra

- 10–23 Fiedern
- Blättchen gesägt
- Fruchtschale rau

Merkmale 15–30 m hoher Baum, im Alter breit ausladend; Blätter 30–60 cm lang, gefiedert mit 10–23 Fiedern (oft ohne Endblättchen), diese länglich eiförmig, unterseits weichhaarig; Blüte im Mai, männliche Blütenkätzchen hängend, weibliche unscheinbar; Früchte kugelig, fast pfirsichgroß, »Nuss« (Steinkern) schwarz, tief gefurcht. **Vorkommen** In Nordamerika beheimatet; bei uns gelegentlich als Parkbaum. **Wissenswertes** Die süß schmeckenden Samen in den äußerst harten Steinkernen werden in Amerika für Backwaren und Speiseeis verwendet.

Schuppenrinden-Hickorynuss

Carya ovata

- 5 Fiedern
- unteres Fiederpaar kleiner
- Borke löst sich schindelartig ab

Merkmale 20–25 m hoher Baum, rundliche Krone; Blätter 20–35 cm lang, unpaarig gefiedert, mit meist 5 eilanzettlichen, gesägten Fiedern; goldgelbe Herbstfärbung; Blüte im Mai, männliche Kätzchen zu dritt an einem gemeinsamen Stiel, Blüten unscheinbar; Früchte kugelig, grün, vierfurchig, mit rundlichem bis vierkantigem Steinkern. **Vorkommen** In Nordamerika beheimatet; bei uns in wärmeren Regionen gelegentlich als Parkbaum. **Wissenswertes** Das sehr harte Holz verwendet man in Amerika zum Herstellen von Werkzeugstielen. Von einer eng verwandten Hickorynuss-Art (*C. illinoensis*) stammen die bekannten Pekannüsse.

Kaukasische Flügelnuss

Pterocarya fraxinifolia

> 11–21 Fiedern
> Mitteladern unterseits mit Härchen
> 2 halbrunde Fruchtflügel

Merkmale 10–20 m hoher, meist mehrstämmiger Baum mit unten waagrecht abgehenden Zweigen; Blätter 20–50 cm lang, unpaarig gefiedert, 11–21 schmal längliche, fein gesägte Teilblättchen; Blüten im April/Mai, männliche in hängenden Kätzchen; Früchte geflügelt, graugelb, in 20–30 cm langen Fruchtständen; ungenießbar. **Vorkommen** Im Kaukasus beheimatet; bei uns Parkbaum, seltener auch Straßenbaum. **Wissenswertes** Die Kaukasische Flügelnuss steht in Parks oft im Uferbereich von Bachläufen oder Teichen. Sie treibt aus der Basis reichlich junge Schösslinge aus.

Chinesischer Götterbaum

Ailanthus altissima

> bis über 40 Fiedern
> gelbliche Blütenrispen
> zungenförmige Flügelfrucht

Merkmale 20–25 m hoher, mehrstämmiger Baum; Blätter 20–50 cm lang, gefiedert, manchmal ohne Endblättchen, Fiedern eilanzettlich, am Rand fein gewimpert; kleine grüngelbe Blüten im Juni/Juli, in aufrechten, langen Rispen, unangenehm riechend; geflügelte Früchte, bei Reife rot. **Vorkommen** In China und Korea beheimatet; Park- und Alleenbaum, oft auch verwildert. **Wissenswertes** Der robuste, schnellwüchsige Götterbaum wurde früher häufig in Parkanlagen gepflanzt. Mittlerweile ist er durch seine starke Ausbreitungsfähigkeit vielerorts zur Plage geworden.

Rispiger Blasenbaum

Koelreuteria paniculata

> 7–15 Fiedern
> aufrechte gelbe Blütenrispen
> aufgeblähte Fruchtkapseln

Merkmale 5–8 m hoher Strauch oder Baum, kurzstämmig mit breiter Krone; Blätter bis 35 cm lang, unpaarig gefiedert, mit 7–15 Blättchen, diese eilänglich und kerbig gesägt, im Austrieb rötlich, gelbe Herbstfärbung; Blüten im Juli/August, gelb, fünfzählig, zahlreich in langen Rispen; im Herbst blasig aufgetriebene Fruchtkapseln. **Vorkommen** In Japan, China und Korea beheimatet; Ziergehölz in Parks und Gärten. **Wissenswertes** Das Gehölz ist zu Ehren von J. G. Kölreuter (1733–1806) benannt, einem Naturwissenschaftler, der den Blasenbaum in China entdeckt hatte.

Frühlings-Tamariske

Tamarix parviflora

> blüht im April/Mai
> rotbraune Zweige
> Blätter blass- bis graugrün

Merkmale 3–4 m hoher Strauch oder Baum, locker aufgebaut, mit überhängenden, rutenartigen, dunkel rotbraunen Zweigen; Blätter eilanzettlich mit trockenhäutiger Spitze; Blüten im April/Mai, Blüten rosa, vierzählig, in 2–4 cm langen, schmalen Trauben, seitenständig an vorjährigen Trieben. **Vorkommen** In Südeuropa und Afrika heimisch; bei uns Ziergehölz in Gärten und Parks. **Wissenswertes** Gelegentlich wird die Frühlings-Tamariske, hier wie in ihrer Heimat, als Pioniergehölz auf Rohböden und zum Befestigen von Dünen oder sandigen Böschungen eingesetzt. Sie wird auch Kleinblütige Tamariske genannt.

Sommer-Tamariske

Tamarix ramosissima

> blüht Juli bis September
> lockere Blütentrauben
> Blätter graugrün

Merkmale 3–5 m hoher Strauch oder Baum, locker aufrecht, vieltriebig, mit überhängenden, rutenartigen Zweigen; Blätter lanzettlich bis pfriemlich; Blüten von Juli bis September, hellrosa, fünfzählig, endständig in lockeren Trauben, die rispig zusammenstehen. **Vorkommen** In Südosteuropa und Ostasien heimisch; recht häufig in Gärten und Parks. **Wissenswertes** Diese Art wird teils noch unter ihrer alten Bezeichnungen *T. pentandra* geführt. Es gibt einige besonders reich blühende Formen, so die attraktive Sorte 'Rubra' mit dunkelrosa Blüten und blaugrünen Blättern.

Französische Tamariske

Tamarix gallica

> blüht Juli bis September
> dichte Blütentrauben
> Blätter dunkel- bis bläulich grün

Merkmale 4–6 m hoher Strauch oder Baum, meist mehrstämmig; Blätter schuppenförmig; Blüten von Juli bis September, rosa, fünfzählig, in endständigen, 3–5 cm langen, dichten, zylindrischen Trauben. **Vorkommen** In Südeuropa, Afrika und Asien heimisch; in Mitteleuropa gelegentlich als Ziergehölz angepflanzt. **Wissenswertes** Die Tamarisken sind dank ihrer stark reduzierten Blattoberflächen (geringe Verdunstung) und der sehr tief in den Boden eindringenden Wurzeln ausgesprochen trockenheitsresistent. Außerdem vertragen sie Böden mit hohem Salzgehalt. In Nordafrika gedeihen sie sogar noch am Rand von Salzwüsten.

Weiß-Tanne, Edel-Tanne

Abies alba

> junge Zweige behaart
> Nadeln stumpf
> unterseits 2 helle Streifen

Merkmale 30–50 m hoher Baum, im Alter rundliche »Storchennestkrone«; Nadeln 1–3 cm lang, flach, oft deutlich in 2 Reihen am Zweig; Blüten im Mai; braune Zapfen, 10–15 cm lang. **Vorkommen** In mittleren Gebirgslagen; oft in reinen Tannenbeständen, sonst häufig mit Buchen und Fichten; Naturbestände gefährdet. **Wissenswertes** Beim Bestimmen muss man zunächst herausfinden, ob man eine Tanne oder Fichte (*Picea*, ab Seite 98) vor sich hat. Wichtiges Unterscheidungsmerkmal sind die Spuren, die abgefallene Nadeln am Zweig hinterlassen: Bei Tannen bleiben nur kleine runde Narben, bei Fichten dagegen höckerartige Blattkissen zurück. Außerdem stehen die reifen Zapfen der Tannen aufrecht und hinterlassen nach dem Abfallen am Zweig eine Zapfenspindel (vgl. Hinweise bei der Gewöhnlichen Fichte, Seite 98). Blütenstände erscheinen meist erst an älteren Bäumen und nur im Spitzenbereich, die männlichen sind meist unauffällig, die weiblichen sind kleine Zapfen.

Nordmanns-Tanne

Abies nordmanniana

> Nadeln stark glänzend
> Nadeln stehen bürstenartig um den Zweig
> hakige Deckschuppen

Merkmale 25–30 m hoher Baum, vom Boden ab beastet; Nadeln 2–3 cm lang, an der Spitze eingeschnitten, unterseits 2 undeutliche weiße Streifen; Blüte im Mai/Juni; Zapfen mit hakenartiger Deckschuppe. **Vorkommen** Im Kaukasus und in Kleinasien beheimatet; Parkbaum. **Wissenswertes** Wegen ihres gleichmäßigen Wuchses zählt diese Art zu den beliebtesten Weihnachtsbäumen.

Küsten-Tanne

Abies grandis

> Nadeln nicht stechend
> unterseits 2 helle Streifen
> Nadeln gescheitelt

Merkmale 30–60 m hoher Baum, schlank kegelförmig; Nadeln gescheitelt, die nach schräg oben wachsenden sind kürzer als die nach unten wachsenden; Blüte im Mai/Juni; reife Zapfen 7–10 cm lang. **Vorkommen** Stammt aus Nordamerika; in Mitteleuropa gebietsweise als Waldbaum. **Wissenswertes** Forstlich verwendet man die Art, weil sie rasch wächst, meist zum Bepflanzen von Lücken.

Colorado-Tanne

Abies concolor

> Nadeln lang, weich
> Nadeln oft aufwärts gebogen
> männliche Blüten rot

Merkmale 20–30 m hoher Baum, schmal kegelförmige Krone, im Alter breit abgeflacht; Nadeln 4–8 cm lang, graugrün oder silbergrau, an den Zweigoberseiten oft bogig aufwärts gekrümmt und kürzer als an den Unterseiten; Blüte im Mai/Juni, männliche Blütenstände auffällig, 3–4 cm lang, leuchtend rot. **Vorkommen** Im westlichen Nordamerika beheimatet; bei uns Zierbaum in Parks und Gärten, seltener in Wäldern, forstlich vor allem als Weihnachtsbaum gepflanzt. **Wissenswertes** Die Colorado-Tanne verträgt mehr Trockenheit und Luftschadstoffe als die meisten anderen Tannen.

Korea-Tanne

Abies koreana

> Nadeln kurz, flach
> unterseits fast ganz weiß
> unreife Zapfen violett

Merkmale 5–10 m hoher Baum mit breit kegelförmiger Krone; Nadeln 1–2 cm lang, flach, unterseits weiß mit grünem Mittelstreifen; Blüte im Mai; schon nach wenigen Standjahren Bildung zahlreicher, 5–7 cm langer Zapfen. **Vorkommen** In Korea beheimatet; bei uns frostharter, stadtklimafester Park- und Gartenbaum. **Wissenswertes** Die Art gehört zu den attraktivsten Tannen und wird entsprechend häufig gepflanzt. Zum Zierwert tragen gerade auch die anfangs violett überhauchten Zapfen bei, mit denen sich schon kleine Korea-Tannen schmücken.

Spanische Tanne

Abies pinsapo

> Nadeln fast viereckig
> Nadeln bürstenartig am Zweig
> schwarzgraue Schuppenborke

Merkmale 15–25 m hoher Baum, breit kegelförmig, untere Äste hängend; Nadeln 1–2 cm lang, mit breitem Napf aufsitzend, je 2 weiße Längsstreifen auf Ober- und Unterseite; Blüte im Mai; zylindrische Zapfen, 10–15 cm lang, reif braun. **Vorkommen** Im südlichen Spanien beheimatet; bei uns Park- und Gartenbaum. **Wissenswertes** Es gibt nur noch sehr kleine natürliche Vorkommen dieser Art, hauptsächlich in andalusischen Nationalparks. Schon im 16. Jh. soll ein großer Teil der Pinsapo-Wälder gefällt worden sein – zum Bau von Kriegsschiffen für die spanische Armada.

Silber-Tanne, Edle Tanne

Abies procera 'Glauca'

- › Nadeln bläulich und nach oben gekrümmt
- › sehr große Zapfen

Merkmale 15–25 m hoher Baum, locker kegelförmig, unregelmäßig beastet; Nadeln um 3 cm lang, flach, mit der Basis dem Zweig anliegend, im oberen Teil sichelförmig abbiegend, sehr dicht gedrängt, an den Zweigunterseiten leicht gescheitelt; Blüte im Mai; schon junge Pflanzen mit 16–25 cm langen, bis 8 cm dicken, purpurbraunen Zapfen. **Vorkommen** In Nordamerika beheimatet; anspruchsloser Zierbaum in Parks und Gärten. **Wissenswertes** Das Attribut »edel« erhielt diese Tanne wegen der tatsächlich fast silbrig wirkenden blauweißen Nadeln.

Gewöhnliche Eibe

Taxus baccata

- › Nadeln glänzend dunkelgrün
- › unterseits 2 blassgrüne Bänder
- › leuchtend roter Samenmantel

Merkmale 2–15 m hoher Baum oder Strauch, anfangs kegelförmig, später rundlich; Nadeln 1–3 cm lang, an Seitenzweigen in 2 Reihen, an aufrechten Zweigen schraubig; zweihäusig, männliche Blüten in kugeligen Kätzchen, weibliche Blüten unscheinbar, aus ihnen entwickeln sich Scheinbeeren mit 2 schwarzen Samen im roten Samenmantel (Arillus). **Vorkommen** In Mitteleuropa wild fast nur in wintermilden, luftfeuchten Regionen, selten, geschützte Art; jedoch häufig gepflanzt. **Wissenswertes** Eiben enthalten in allen Teilen mit Ausnahme des roten Samenmantels sehr giftige Alkaloide. **Giftig**.

Zweizeilige Sumpfzypresse

Taxodium distichum

- › sommergrün
- › Nadeln linealisch
- › kugelförmige Zapfen

Merkmale 20–35 m hoher Baum, regelmäßig kegelförmige Krone; Nadeln zugespitzt, 8–15 mm lang, an Kurztrieben gescheitelt, an Langtrieben schraubig, Kurztriebe im Herbst nach rötlicher Verfärbung abfallend; Blüte im März/April, männliche Blüten in Doppeltrauben; bei Reife braune Zapfen. **Vorkommen** Im südöstlichen Nordamerika beheimatet, Charakterbaum der Flachwassergebiete Floridas; bei uns in Parkanlagen an Gewässern. **Wissenswertes** Im Flachwasser wachsende Sumpfzypressen bilden in ihrem Umkreis bis über 1 m hohe Ausstülpungen, die so genannten »Atemknie«.

Gewöhnliche Fichte, Rottanne

Picea abies

> Nadeln steif, spitz
> Zapfen meist harzig
> Borke rotbraun, schuppig

Merkmale 25–50 m hoher Baum, gleichmäßige kegelförmige Krone, gerader Stamm; Nadeln 1–2 cm lang, vierkantig, zugespitzt, dunkelgrün, allseitig am Zweig stehend, an der Zweigunterseite gescheitelt; Blüte im Mai; reife Zapfen zylindrisch, 10–15 cm lang. **Vorkommen** In Mitteleuropa der am stärksten vertretene Forstbaum; empfindlich gegen Luftverschmutzung. **Wissenswertes** Im Unterschied zu Tannen (vgl. Hinweis bei der Weiß-Tanne, Seite 92) hinterlassen die abfallenden Nadeln bei Fichten deutlich fühlbare Blattkissen am Zweig. Die Zapfen stehen zunächst aufrecht oder seitlich, reif hängen sie anders als bei Tannen herab und fallen später als Ganzes – mitsamt der Spindel – ab. Die Blüten erscheinen oft nur im oberen Kronenbereich, männliche wie weibliche Blütenstände sind meist um 2 cm groß und oft rötlich gefärbt.

Omorika-Fichte, Serbische Fichte

Picea omorika

> Nadelspitze stumpf
> unterseits bläulich weiß
> unreife Zapfen blauviolett

Merkmale 15–30 m hoher Baum, kegel- bis säulenförmig; junge Zweige hell rotbraun; Nadeln 1–2,5 cm lang, flach, oberseits glänzend dunkelgrün; Blüte im Mai, Blütenstände eiförmig, 1–2 cm groß, männliche rötlich gelb, weibliche purpurn. **Vorkommen** In Gebirgswäldern des Balkan beheimatet; häufig gepflanzter Garten- und Parkbaum. **Wissenswertes** Fossile Funde haben gezeigt, dass die Omorika-Fichte im Tertiär auch in Mitteleuropa verbreitet war.

Blaue Stech-Fichte, Blautanne

Picea pungens 'Glauca'

> Nadeln steif, stechend
> Nadeln meist bläulich
> junge Zweige bläulich

Merkmale 10–20 m hoher Baum, kegelförmige Krone; Nadeln vierkantig, meist 2–3 cm lang, mattgrün bis stahlblau, allseitig am Zweig stehend; Blüte Mai/Juni, männliche Blütenstände rotgelb, weibliche blassgrün, Zapfen 6–10 cm lang. **Vorkommen** Stammart in Nordamerika; bei uns Zierbaum. **Wissenswertes** Die Sorte 'Glauca' war früher die Weihnachts-»Tanne« schlechthin, hat aber v. a. durch die Nordmanns-Tanne starke Konkurrenz bekommen.

Kaukasus-Fichte

Picea orientalis

> Nadeln sehr kurz, stumpf
> allseits mit feinen weißen Streifen
> unreife Zapfen violett

Merkmale 15–30 m hoher Baum, kegelförmig, mit herabhängenden Seitenzweigen; Nadeln sehr dicht an den Zweigen stehend, 0,5–1 cm lang, flach, schwach vierkantig, dunkelgrün mit dünnen weißen Streifen; Blüte im Mai; Zapfen 5–8 cm lang. **Vorkommen** Im Kaukasus und in Kleinasien beheimatet; Zierbaum in Gärten und Parks. **Wissenswertes** Diese Art hat unter den Fichten die kürzesten Nadeln. Eine häufig anzutreffende Zierform ist die kleiner bleibende Sorte 'Aurea', in der Jugend durchgehend goldgelb benadelt, später dann grün mit gelben Zweigspitzen.

Sitka-Fichte

Picea sitchensis

> Nadeln steif, stechend
> Nadeln unterseits silbrig
> Zweige glänzend gelb

Merkmale 15–35 m hoher Baum, kegelförmig mit anfangs aufstrebenden, im Alter fast waagrechten Ästen; Nadeln 1,5–2 cm lang, silbrig weiße Unterseite aufgrund der Zweigstellung nach außen weisend; Blüte im Mai; Zapfen 5–8 cm lang, gelbbraun, weich, kaum harzig. **Vorkommen** Im pazifischen Nordamerika beheimatet, braucht entsprechend hohe Luftfeuchtigkeit; Zierbaum, v. a. in Westeuropa auch Forstbaum. **Wissenswertes** Die im 18. Jh. bei uns eingeführte Sitka-Fichte zeigt als junger Baum jährlich bis über 1 m Höhenzuwachs und kann 800 Jahre alt werden.

Kanadische Hemlocktanne

Tsuga canadensis

> Nadeln kurz gestielt
> Nadeln am selben Zweig ungleich lang
> Zapfen eiförmig

Merkmale 10–20 m hoher Baum, Krone breit kegelig, Äste teils überhängend; Nadeln undeutlich in 2 Reihen, nur 1–1,5 cm lang, flach, stumpf, oberseits glänzend grün, unterseits mit 2 blauweißen Streifen, mit kurzem gelben Stiel, der dem Zweig anliegt; Blüte im Mai, unscheinbar; Zapfen hängend, als Ganzes abfallend. **Vorkommen** In Kanada und Nordamerika beheimatet; bei uns in Parks und in Gärten. **Wissenswertes** Die beliebte Hemlocktanne ist schon lange Gegenstand züchterischer Bemühungen. So findet man von ihr Hängeformen ebenso wie höchstens 1 m hohe Zwergsorten.

Gewöhnliche Douglasie

Pseudotsuga menziesii

- › Nadeln weich
- › zerriebene Nadeln duften aromatisch
- › dreispitzige Deckschuppen

Merkmale 25–30 m hoher Baum, Krone kegelförmig, im Alter breit abgeflacht; Nadeln flach, 1,5–4 cm lang, stumpf oder zugespitzt, oberseits dunkelgrün, unterseits mit 2 meist deutlichen weißen Streifen; Blüte im Mai, unscheinbar; reife Zapfen nickend oder hängend, 5–8 cm lang, mit dreispitzigen Deckschuppen, als Ganzes abfallend. **Vorkommen** In Nordamerika beheimatet; in Mitteleuropa und Westeuropa Wald- und Parkbaum. **Wissenswertes** Die Douglasie wird seit dem 19. Jh. in Mitteleuropa forstlich genutzt, meist als Alternative zu Fichten.

Urweltmammutbaum

Metasequoia glyptostroboides

- › sommergrüner Nadelbaum
- › hellgrüne Nadeln
- › Zapfen lang gestielt

Merkmale 20–35 m hoher Baum, kegelförmige Krone, Borke rötlich; Nadeln weich, flach, zweizeilig angeordnet, 1–3 cm lang; im Herbst fallen Verzweigungen nach rötlicher Verfärbung ab; Blüte im Mai, männliche Blüten in Rispen; hängende, rundliche Zapfen, um 2 cm lang. **Vorkommen** In China beheimatet; in Mitteleuropa Parkbaum. **Wissenswertes** Von der Existenz des Urweltmammutbaums weiß man erst seit 1940 durch Funde fossiler Pflanzenreste. Wenige Jahre später stießen dann Forscher im Südwesten Chinas zufällig auf noch lebende Bestände der bis dahin unbekannten Art.

Küsten-Mammutbaum

Sequoia sempervirens

- › Nadeln oberseits dunkelgrün
- › Borke dick und weich
- › eingedellte Schuppenschilder

Merkmale 20–30 m hoher, langschäftiger Baum mit schlanker, kegelförmiger Krone; Nadeln 0,5–2 cm lang, abgeflacht, dunkel- bis bläulich grün, weich, schraubig stehend, an kurzen Seitenzweigen gescheitelt; Blüte im Februar/März, unauffällig; Zapfen eiförmig mit in der Mitte leicht eingesunkenen Schuppenschildern. **Vorkommen** Stammt aus Nordamerika; in Mitteleuropa v. a. in Parks. **Wissenswertes** Im kalifornischen Redwood National Park steht ein über 110 m hoher Küsten-Mammutbaum – der höchste Baum der Welt. Sein Alter wird auf 400–500 Jahre geschätzt.

Zirbel-Kiefer, Arve
Pinus cembra

> Kurztriebe fünfnadelig
> Nadeln lang, steif
> junge Zweige dicht behaart

Merkmale 10–20 m hoher Baum, kegelförmige Krone, im Alter oft unregelmäßig; Nadeln 5–10 cm lang, dunkelgrün; Blüte im Juni; eiförmige Zapfen, 6–8 cm lang, als Ganzes abfallend, enthalten essbare Samen (»Zirbelnüsse«); Blüte/Zapfenbildung frühestens ab dem 50. Lebensjahr. **Vorkommen** In Mitteleuropa wild in Alpenmittel- und hochlagen; bildet mit der Lärche die Waldgrenze. **Wissenswertes** Die Nadeln der Kiefern stehen zu zweit (seltener zu dritt) oder zu fünft in Kurztrieben beisammen und werden am Grund von einer häutigen Scheide umgeben. Danach unterscheidet man generell zwei- und fünfnadelige Kiefern. Die männlichen Blüten sitzen meist in gelblichen Ähren an der Basis der Langtriebe, die rötlichen weiblichen Blütenstände an den Triebspitzen.

Legföhre, Latsche, Zwerg-Kiefer
Pinus mugo subsp. *pumilio*

> meist niederliegend
> Kurztriebe zweinadelig
> Zapfenschilder ohne Haken

Merkmale 2–4 m hoher Strauch, niederliegend (ge-»legt«, »latschend«), selten kleiner Baum; Zweige schwarzgrau; Nadeln 2–5 cm lang, leicht gekrümmt oder gedreht; Blüte im Juni/Juli, männliche Blütenstände goldgelb; Zapfen symmetrisch, 3–5 cm lang. **Vorkommen** In süd- und mitteleuropäischen Gebirgen, vereinzelt bis 2400 m Höhe; im Krummholzgürtel, in Heidemooren und Bergwäldern. **Wissenswertes** Die Legföhre wächst oberhalb der Waldgrenze, wo sich nur noch vereinzelte, oft verkrüppelt wachsende Bäume behaupten können.

Haken-Kiefer, Berg-Spirke
Pinus uncinata

> Kurztriebe zweinadelig
> asymmetrische Zapfen
> Zapfenschilder mit Haken

Merkmale 10–20 m hoher, aufrechter, kegelförmiger Baum mit fast waagrechten Ästen; Zapfen 4–7 cm lang, Schuppenschild mit dornenförmigem Haken; Nadeln und Blüten wie die Legföhre. **Vorkommen** In süd- und mitteleuropäischen Gebirgen, vorwiegend im Westen. **Wissenswertes** Die Haken-Kiefer wird teils als Baumform und Subspezies der Legföhre angesehen. Sie wächst, z.B. in den Pyrenäen, bis zur Baumgrenze (über 1800 m hoch).

Schwarz-Kiefer

Pinus nigra

> Kurztriebe zweinadelig
> Nadeln lang, stechend
> Borke schuppig, schwarzbraun

Merkmale 20–30 m hoher Baum, Krone anfangs kegel-, später schirmförmig; namengebende dunkelgraue bis schwarzbraune Borke; Nadeln 8–15 cm lang; Blüte im Mai/Juni; reife Zapfen 4–8 cm lang, waagrecht abstehend. **Vorkommen** In Südeuropa und Kleinasien beheimatet, wild auch im östlichen Österreich (subsp. *nigra*); häufig in Parks und Grünanlagen. **Wissenswertes** In Österreich war die Schwarz-Kiefer eine der wenigen Baumarten, die die letzte Eiszeit unbeschadet überstanden. Sie wuchs zuvor schon im Bereich der Thermenlinie im Wiener Raum, zu dem die Gletscher nicht vordrangen.

Weymouths-Kiefer, Strobe

Pinus strobus

> Kurztriebe fünfnadelig
> Nadeln dünn, weich
> Zapfen schmal zylindrisch

Merkmale 20–40 m hoher Baum mit breit kegelförmiger Krone; Zweige dünn, biegsam; Nadeln 5–15 cm lang; Blüte im Mai/Juni; Zapfen schmal zylindrisch, 10–20 cm lang, kurz gestielt, hängend. **Vorkommen** In Nordamerika beheimatet; in Europa Park- und Waldbaum. **Wissenswertes** Die forstliche Verwendung ist in Mitteleuropa durch den häufigen Befall mit Blasenrost stark zurückgegangen. Die Pilzkrankheit, die auch andere fünfnadelige Kiefern befällt, verursacht blasige Wucherungen an Stämmen und Zweigen und bringt die Bäume zum Absterben.

Mädchen-Kiefer

Pinus parviflora

> Kurztriebe fünfnadelig
> Nadeln am Zweigende pinselartig
> Zapfen oft zu 3–4

Merkmale 3–8 m hoher Baum, Krone locker kegelförmig; Nadeln an den Zweigenden pinselartig gehäuft, um 5 cm lang, oft gekrümmt und gedreht, so dass die bläulich weiße Innenseite nach außen zeigt; Blüte im Mai/Juni; Zapfen 5–10 cm lang, häufig zu dritt bis viert beieinander sitzend, mehrere Jahre an den Ästen verbleibend. **Vorkommen** In Japan beheimatet; anspruchsloser Garten- und Parkbaum. **Wissenswertes** Die reine Art ist bei uns kaum anzutreffen, meist sieht man Kulturformen, am häufigsten die Sorte 'Glauca' mit silbrig blaugrünen Nadeln, die schon als junger Baum reichlich die bei Reife hellbraunen Zapfen ansetzt.

Wald-Kiefer, Föhre

Pinus sylvestris

> Kurztriebe zweinadelig
> Nadeln blaugraugrün
> Borke oft rötlich, feinschuppig

Merkmale 15–40 m hoher Baum, Kronenform sehr veränderlich, kegel- bis schirmförmig, oft mit locker übereinander stehenden »Stockwerken«; Borke zumindest ab dem oberen Stammdrittel rötlich bis fuchsrot, unterer Stammbereich grau- bis rotbraun; Nadeln 4–8 cm lang; Blüte im Mai/Juni; Zapfen 3–8 cm lang, gestielt, hängend, zur Reife mit klaffenden oder zurückgebogenen Schuppen. **Vorkommen** In Mitteleuropa vom Tiefland bis in die Alpen bis 1600 m Höhe; seit langem forstlich angebaut, in Sorten auch als Zierbaum. **Wissenswertes** Die Wald-Kiefer oder Gewöhnliche Kiefer ist einer unserer wichtigsten Forstbäume und liefert gutes Bau- und Möbelholz.

Tränen-Kiefer

Pinus wallichiana

> Kurztriebe fünfnadelig
> Nadeln schlaff hängend
> Zapfen mit Harztröpfchen

Merkmale 15–30 m hoher Baum, breit kegelförmig, locker aufgebaut; Nadeln 12–20 cm lang, grau- bis blaugrün; Blüte im Mai/Juni; reife Zapfen meist zu mehreren an den Zweigenden, schmal und 15–30 cm lang, spätestens im 2. Jahr mit Harz-»Tränen« überzogen. **Vorkommen** Im Himalaja beheimatet; in Mitteleuropa fast nur in wintermilden Regionen in Parks zu sehen. **Wissenswertes** Die Tränen-Kiefer kommt im Himalaja noch in Höhen von über 2000 m vor und ist dort in Gebirgstälern bestandsbildend.

Schlangenhaut-Kiefer

Pinus leucodermis

> Kurztriebe zweinadelig
> Nadeln steif, stechend
> Zweige mit »Schlangenhautmuster«

Merkmale 5–15 m hoher Baum, schlank kegelförmige, im Alter abgeflachte Krone; Zweige grau-weiß, durch Furchen nach Abfallen der Nadeln schlangenhautartig gefeldert; Nadeln 6–10 cm lang, glänzend grün, an den Zweigenden schopfartig gehäuft; Blüte im Mai/Juni; hängende eiförmige Zapfen 6–8 cm lang. **Vorkommen** In Südosteuropa beheimatet; bei uns in Parks und Gärten, frosthart. **Wissenswertes** Abgesehen vom sonnigen und freien Stand, den fast alle Kiefern brauchen, ist diese Art genügsam und kommt auch an trockenen, heißen Plätzen zurecht. Sie gilt als anspruchsloseste Kiefer überhaupt.

Europäische Lärche

Larix decidua

> Nadeln hellgrün, weich
> gelbe Herbstfärbung
> Samenschuppen anliegend

Merkmale 25–35 m hoher Baum, Krone locker kegelförmig; Nadeln 2–3 cm lang, an Langtrieben schraubig, an Kurztrieben zu 30–40 in Büscheln, fallen nach goldgelber Verfärbung im Spätherbst ab; Blüte im April/Mai, vor den Blättern, männliche Blüten unscheinbar, weibliche Blütenstände eiförmig und rötlich; Zapfen eiförmig, 2–6 cm lang; Schuppen am Rand nicht nach außen umgerollt, nach Reife am Baum verbleibend. **Vorkommen** In Mitteleuropa wild nur in den Alpen ab 1600 m Höhe, doch schon seit dem 16. Jh. als Waldbaum auch im Tiefland angebaut. **Wissenswertes** Nach dem Nadelfall verbleiben knospenartige Kurztriebe an den Zweigen der Lärchen.

Japanische Lärche

Larix kaempferi

> Nadeln bläulich grün
> gelbe Herbstfärbung
> Samenschuppen nach außen gerollt

Merkmale 25–30 m hoher Baum, breit kegelige Krone mit waagerechten Ästen; Zweige rotbraun; Nadeln an den Kurztrieben bis zu 50 in Büscheln; Herbstfärbung und Blüten wie Europäische Lärche; Zapfen aufrecht, rundlich, 2–3 cm lang, bei Reife Schuppen am Rand nach außen umgerollt. **Vorkommen** In den Bergwäldern Japans beheimatet; Zier- und Waldbaum. **Wissenswertes** Die Japanische Lärche wird in den luftfeuchten Regionen Norddeutschlands und Dänemarks forstlich genutzt. Sie ist abgasverträglicher als die europäische Art.

Blaue Atlas-Zeder

Cedrus atlantica 'Glauca'

> Nadeln blaugrau
> Seitenäste steil aufwärts
> Zapfenspitze eingedellt

Merkmale 10–20 m hoher Baum, Krone breit kegelförmig, meist mit aufrechtem Gipfeltrieb; Nadeln 2–3 cm lang, an Langtrieben entfernt schraubig; Blüte im September, männliche Blüten in aufrechten, gelblichen Ähren, weibliche Blütenstände eiförmig, rot; aufrechte, tonnenförmige Zapfen, 5–7,5 cm lang, nach Reife am Baum zerfallend. **Vorkommen** Stammart in Nordafrika im Atlasgebirge beheimatet; Park- und Gartenbaum. **Wissenswertes** Zedernholz wird wegen seiner rötlichen Farbe und des angenehmen Dufts geschätzt. Zudem ist es widerstandsfähig gegen Holzkrankheiten und -schädlinge.

Himalaja-Zeder

Cedrus deodara

> Zweigspitzen überhängend
> Nadeln blaugrün, weich
> Zapfenspitze rundlich

Merkmale 20–25 m hoher Baum, breit kegelförmige Krone mit meist deutlich nickendem Gipfeltrieb und überhängenden Zweigspitzen; Nadeln 3–5 cm lang, an Langtrieben schraubig, an Kurztrieben zu 25–35 in Büscheln; Blüten im September, denen der Atlas-Zeder (Seite 110) ähnlich; aufrechte Zapfen, 8–12 cm lang. **Vorkommen** Im Himalaja beheimatet; Zierbaum, vor allem in Parks. **Wissenswertes** Diese Art ist die empfindlichste unter den Zedern und gedeiht vorwiegend in wintermilden Regionen mit hoher Luftfeuchtigkeit.

Libanon-Zeder

Cedrus libani

> Gipfeltrieb oft schräg
> Nadeln sehr weich
> Zapfenspitze abgeflacht

Merkmale 20–35 m hoher Baum, Krone zunächst breit kegelförmig mit oft zur Seite gebogenem Gipfeltrieb, später abgeflacht schirmförmig mit abgespreizten Ästen; Nadeln 1,5–3,5 cm lang, überwiegend an Kurztrieben in Büscheln zu 10–20; Blüten denen der Atlas-Zeder (Seite 110) ähnlich; aufrechte Zapfen, 8–10 cm lang. **Vorkommen** In Gebirgszügen West- und Kleinasiens beheimatet. **Wissenswertes** Die Libanon-Zeder wurde bereits im 17. Jh. nach Europa eingeführt. In manchen Parks kann man jahrhundertealte Exemplare bewundern.

Gewöhnlicher Wacholder

Juniperus communis

> Nadeln zu dritt in Wirteln
> Nadeloberseite grauweiß
> Beerenzapfen blauschwarz

Merkmale 2–10 m hoher Strauch oder Baum, sehr vielgestaltig; wild oft locker kegel- oder säulenförmig aufrecht und mehrstämmig; Nadeln bis 1,5 cm lang, stechend, bläulich grün, oberseits mit grauweißem Band; Blüte im April/Mai, zweihäusig, männliche Blütenstände eiförmig, gelblich, weibliche unscheinbar; schwarzblaue, bereifte Beerenzapfen. **Vorkommen** Wild vom Tiefland bis in die Alpen in 1600 m Höhe; auf Heiden, Magerwiesen, Sandfluren, in lichten Nadelmischwäldern. **Wissenswertes** Die zahlreichen Kultursorten reichen von sehr schmalen Säulen-Wacholdern bis zu flachen, höchstens 50 cm hohen Kriech-Wacholdern. Die »Beeren« lassen sich – sparsam – als Würze verwenden.

Lawsons Scheinzypresse

Chamaecyparis lawsoniana

Merkmale 2–35 m hoher Strauch oder Baum, unterschiedliche Wuchsformen je nach Sorte; Zweige fächerartig oder fiederförmig; Blätter schuppenförmig, dachziegelartig dicht beieinander; Blüte im April, männliche Blütenstände rötlich, weibliche stahlblau; ab September kugelige Zapfen, etwa 1 cm Durchmesser, reif rotbraun. **Vorkommen** Im pazifischen Nordamerika beheimatet; in Mitteleuropa sehr häufig in unterschiedlichen Formen gepflanzt, oft auch als Hecke. **Wissenswertes** Alle Pflanzenteile enthalten Terpene und andere ätherische Verbindungen, die bei Verzehr giftig sind. **Giftig**.

- **Zweigunterseite leicht weißfleckig**
- **glatter Stamm**
- **männliche Blüten rot**

Nutka-Scheinzypresse

Chamaecyparis nootkatensis

Merkmale 3–30 m hoher kurzstämmiger Baum, meist mit gleichmäßig kegelförmiger Krone; Zweige beim Zerreiben unangenehm riechend; Schuppenblätter scharf zugespitzt, stechend, dunkel blaugrün; Blüte im April/Mai, unscheinbar; ab September graubraune kugelige Zapfen, kaum 1 cm dick. **Vorkommen** Herkunft wie Lawsons Scheinzypresse. **Wissenswertes** Häufig sieht man die Sorte 'Glauca', der reinen Art recht ähnlich, jedoch kleiner bleibend, mit ausgeprägt blaugrünen Blättern. Verbreitet ist auch die Sorte 'Pendula' mit mähnenartig herabhängenden Zweigen. **Giftig**.

- **Zweigunterseite nicht weißfleckig**
- **unangenehmer Geruch beim Reiben**
- **Blätter blaugrün**

Sawara-Scheinzypresse

Chamaecyparis pisifera

Merkmale 0,5–20 m hoher Strauch oder Baum, sehr unterschiedliche Wuchsformen; Borke löst sich streifig ab; Schuppenblätter an den Kanten der Zweiglein mit abstehenden Spitzen; Blüte im April/Mai; ab Oktober erbsengroße bräunliche Zapfen. **Vorkommen** In Japan beheimatet; als Ziergehölz in Gärten und Parks angepflanzt. **Wissenswertes** Von der Sawara-Scheinzypresse gibt es ein breites Formenspektrum mit oft kegeligem bis halbkugeligem Wuchs. Hierzu gehören auch die Fadenzypressen mit dünnen, fadenartig verlängerten Zweigen. **Giftig**.

- **Zweigunterseite weißfleckig**
- **rauer Stamm**
- **Zweige fühlen sich rau an**

Leylandzypresse

x *Cupressocyparis leylandii*

> meist säulenförmig
> Zweige fast vierkantig
> Zapfen braunviolett

Merkmale 8–30 m hoher, säulen- bis kegelförmiger Strauch; Zweige und Schuppenblätter denen der Nutka-Scheinzypresse (Seite 114) ähnlich; Blüte im April; Zapfen kugelig, bis 2 cm Durchmesser, braun-violett. **Vorkommen** Hybride zwischen Nutka-Scheinzypresse (*Chamaecyparis nootkatensis*) und Großfrüchtiger Zypresse (*Cupressus macrocarpa*); Ziergehölz, Heckenpflanze. **Wissenswertes** Die Hybride entstand um 1900 als Zufallskreuzung zwischen zwei Bäumen der genannten Arten. Pflanzen verschiedener Gattungen – wie hier *Chamaecyparis* und *Cupressus* – kreuzen sich in der Natur sehr selten miteinander. **Giftig**.

Kalifornische Flusszeder

Calocedrus decurrens

> Zweige abgeflacht
> Terpentingeruch beim Reiben
> 3 Zapfenschuppenpaare

Merkmale 10–30 m hoher säulenförmiger bis schmal kegelförmiger Baum mit aufstrebenden Ästen; Borke dunkel- bis rotbraun; Zweige fächerförmig mit schuppenförmigen Blättern, beim Zerreiben nach Terpentin riechend; Blüte im April/Mai, unscheinbar; bis 2,5 cm lange Zapfen mit 3 Schuppenpaaren, bei Reife weit auseinander gespreizt. **Vorkommen** In Nordamerika beheimatet; im 19. Jh. nach Europa eingeführt, hier meist in Parks gepflanzt. **Wissenswertes** Das rötliche Holz wird für Schreinerarbeiten verwendet, vor allem aber dient es zur Herstellung von Bleistiften.

Mammutbaum, Wellingtonie

Sequoiadendron giganteum

> Nadeln schraubig stehend
> Nadeln scharf zugespitzt
> rotbraune, schwammige Borke

Merkmale 30–50 m hoher Baum, kegelförmige, im Alter breit lockere Krone; Borke dick, schwammig-fasrig; Nadeln schuppenartig pfriemlich, um 5 mm lang, an Haupttrieben bis 12 mm, blaugrün; Blüte im Mai, unscheinbar; reife Zapfen rotbraun, eiförmig, 5–8 cm lang. **Vorkommen** Im pazifischen Nordamerika beheimatet; in Mitteleuropa gelegentlich als Waldbaum, sonst in Parks und Arboreten. **Wissenswertes** Der eindrucksvolle Mammutbaum erreicht in seiner Heimat Höhen von rund 100 m, bis 8 m Stammdurchmesser und ein Alter von etwa 3000 Jahren.

Abendländischer Lebensbaum
Thuja occidentalis

> Äste abstehend
> Zweige mattgrün
> intensiver herber Duft

Merkmale 5–20 m hoher Baum oder Strauch, kegelförmige, dichte Krone mit waagrecht abstehenden Ästen; schuppenförmige, dachziegelartig dicht anliegende Blätter, Blätter im oberen Drittel mit auffälligen Drüsen, herb aromatisch duftend, matt dunkelgrün, im Winter oliv bis bronzefarben; Blüte im April/Mai, unauffällig; längliche, braungelbe Zapfen. **Vorkommen** Im östlichen Nordamerika beheimatet; bereits im 16. Jh. nach Europa eingeführt. **Wissenswertes** Die robuste, wüchsige Art wurde zeitweise geradezu inflationär als Heckenpflanze eingesetzt. **Giftig**.

Morgenländischer Lebensbaum
Platycladus (Thuja) orientalis

> Äste aufrecht
> Zweige beidseits gleichfarbig
> Zapfen mit auffälligem »Horn«

Merkmale 5–10 m hoher Baum oder Strauch, dem Abendländischen Lebensbaum ähnlich, jedoch stets aufrechte Äste; Blätter mit unauffälligen Drüsen, nur schwach duftend; Blüte im April/Mai; Zapfen mit auffälligen hornartigen Fortsätzen an den Schuppen. **Vorkommen** Stammt aus China; in Mitteleuropa nur in wintermilden Regionen gepflanzt. **Wissenswertes** Die Art hat mehr Bedeutung in West- und Südeuropa, wo sie in mehreren niedrig bleibenden, kegel- oder säulenförmigen Sorten kultiviert wird. Sie ist recht unempfindlich gegenüber Luftverschmutzung. **Giftig**.

Riesen-Lebensbaum
Thuja plicata

> Äste abstehend bis hängend
> Zweigoberseite glänzend
> Borke rötlich

Merkmale 15–30 m hoher Baum mit schmal kegelförmiger Krone, Äste fast waagrecht oder überhängend; Zweige unterseits angedeutet weißfleckig, Schuppenblätter dunkelgrün, auch über Winter; Blüte im Mai; ansonsten dem Abendländischen Lebensbaum sehr ähnlich. **Vorkommen** Im westlichen Nordamerika beheimatet, recht häufig als Parkbaum gepflanzt. **Wissenswertes** Das Wurzelsystem des Riesen-Lebensbaums ist relativ flach, dadurch ist er windbruchgefährdet. Eine Besonderheit ist die Sorte ‘Zebrina’ mit gelb- oder weißgrün gestreiften Zweigen. **Giftig**.

Sadebaum, Stink-Wacholder

Juniperus sabina

> Blätter stinken beim Zerreiben
> stark blau bereifte Beerenzapfen
> rotbraune Rinde

Merkmale 0,5–2 m hoher, dicht verzweigter Strauch mit meist niederliegenden Trieben; Jugendblätter nadelförmig, bis 4 mm lang, ältere Blätter schuppenförmig, um 2 mm lang; Blüte im Mai, meist zweihäusig, Blütenstände unauffällig; erbsengroße Beerenzapfen, auffällig blau bereift, nach Abwischen schwarz. **Vorkommen** Im südlichen Mitteleuropa in Hochgebirgslagen, in den Alpen bis 2000 m. **Wissenswertes** Der Sadebaum enthält in allen Teilen hochgiftige ätherische Öle. **Giftig**.

Chinesischer Wacholder

Juniperus chinensis

> Schuppenblätter dicht anliegend
> Nadeln stechend
> kleine, blauweiße Beerenzapfen

Merkmale 0,5–8 m hoher Strauch oder Baum; Blätter teils schuppenförmig, teils nadelförmig; Schuppenblätter dachziegelartig anliegend, Nadeln spitz, zu dritt in Wirteln oder zu zweit gegenständig; Zweige beim Zerreiben harzig duftend; meist zweihäusig, Blüte im April/Mai, unscheinbar; Beerenzapfen bläulich weiß bereift, nach Abwischen braun. **Vorkommen** In China beheimatet; sehr häufig in Gärten und in öffentlichen Grünflächen. **Wissenswertes** Von kaum einer anderen Wacholder-Art werden derart viele und unterschiedliche Formen angepflanzt wie vom Chinesischen Wacholder, teils völlig verschieden in Größe, Habitus und Blattfarbe.

Virginischer Wacholder

Juniperus virginiana

> überwiegend Schuppenblätter
> Schuppenblätter mit abstehender Spitze
> Nadeloberseite graugrün

Merkmale 2–10 m hoher Baum; Blätter teils schuppenförmig, teils nadelförmig; Schuppenblätter dachziegelartig angeordnet, Nadeln oberseits graugrün, unterseits grün, zu zweit gegenständig oder zu dritt in Wirteln; zerriebene Zweige duften aromatisch; Blüte im März/Mai, meist einhäusig, Blütenstände unscheinbar; erbsengroße Beerenzapfen. **Vorkommen** In Nordamerika heimisch, dort bis 30 m hoher Baum; bei uns meist in Säulenformen in Parks und Gärten. **Wissenswertes** Wegen ihres rötlichen Holzes wird die Art auch »Rotzeder« genannt.

Zweiteilige deutsche Namen wurden meist nur einmal und zwar mit dem vorangestellten Gattungsnamen aufgeführt, z. B. »Französischer Ahorn« unter »Ahorn, Französischer«.

Bildnachweis
Alle Fotos von **Roland Spohn** außer: **Laux**: 35m, **Pott**: 2/3, 5, 87u; **Reinhard**: 8/9, 43m, 99u, 113m.

Mit 174 Abbildungen: Spohn (166), Laux (1), Pott (3), Reinhard (4); 21 farbige Zeichnung von Wolfgang Lang (Seite 1, Umschlaginnenseite hinten).

Umschlaggestaltung von eStudio Calamar, Pau, unter Verwendung einer Aufnahme von Roland Spohn: Birnbaum *(Pyrus communis)*.

Bibliografische Information der Deutschen Bibliothek

Die Deutsche Bibliothek verzeichnet diese Publikation in der Deutschen Nationalbibliografie; detaillierte bibliografische Daten sind im Internet über http://dnb.ddb.de abrufbar.

Gedruckt auf chlorfrei gebleichtem Papier

ISBN 3-440-09067-1
Projektleitung: Dr. Stefan Raps
Lektorat, Satz, Layout, Bildauswahl: Barbara Kiesewetter, Redaktionsbüro, München
Produktion: Johannes Geyer
Grundlayout: eStudio Calamar
Printed in Italy / Imprimé en Italie